安徽现代农业职业教育集团
服务"三农"系列丛书

Zhaoqi Shengchan Shiyong Jishu

沼气生产实用技术

柳卫国　编著

图书在版编目(CIP)数据

沼气生产实用技术/柳卫国编著.—合肥：
安徽大学出版社,2014.1
(安徽现代农业职业教育集团服务"三农"系列丛书)
ISBN 978-7-5664-0662-0

Ⅰ.①沼… Ⅱ.①柳… Ⅲ.①甲烷—生产 Ⅳ.①S216.4

中国版本图书馆 CIP 数据核字(2013)第 293685 号

沼气生产实用技术

柳卫国　编著

出版发行：	北京师范大学出版集团
	安 徽 大 学 出 版 社
	(安徽省合肥市肥西路3号 邮编230039)
	www.bnupg.com.cn
	www.ahupress.com.cn
印　　刷：	安徽省人民印刷有限公司
经　　销：	全国新华书店
开　　本：	148mm×210mm
印　　张：	5.25
字　　数：	146千字
版　　次：	2014年1月第1版
印　　次：	2014年1月第1次印刷
定　　价：	12.00元

ISBN 978-7-5664-0662-0

策划编辑：李　梅　武溪溪	装帧设计：李　军
责任编辑：武溪溪　薛淑敏	美术编辑：李　军
责任校对：程中业	责任印制：赵明炎

版权所有　　侵权必究

反盗版、侵权举报电话：0551—65106311
外埠邮购电话：0551—65107716
本书如有印装质量问题,请与印制管理部联系调换。
印制管理部电话：0551—65106311

丛书编写领导组

组　长　程　艺
副组长　江　春　周世其　汪元宏　陈士夫
　　　　金春忠　王林建　程　鹏　黄发友
　　　　谢胜权　赵　洪　胡宝成　马传喜
成　员　刘朝臣　刘　正　王佩刚　袁　文
　　　　储常连　朱　彤　齐建平　梁仁枝
　　　　朱长才　高海根　许维彬　周光明
　　　　赵荣凯　肖扬书　李炳银　肖建荣
　　　　彭光明　王华君　李立虎

丛书编委会

主　任　刘朝臣　刘　正
成　员　王立克　汪建飞　李先保　郭　亮
　　　　金光明　张子学　朱礼龙　梁继田
　　　　李大好　季幕寅　王刘明　汪桂生

丛书科学顾问

（按姓氏笔画排序）

王加启　张宝玺　肖世和　陈继兰　袁龙江　储明星

序

解决"三农"问题,是农业现代化乃至工业化、信息化、城镇化建设中的重大课题。实现农业现代化,核心是加强农业职业教育,培养新型农民。当前,存在着农民"想致富缺技术,想学知识缺门路"的状况。为改变这个状况,现代农业职业教育必然要承载起重大的历史使命,着力加强农业科学技术的传播,努力完成培养农业科技人才这个长期的任务。农业科技图书是农业科技最广博、最直接、最有效的载体和媒介,是当前开展"农家书屋"建设的重要组成部分,是帮助农民致富和学习农业生产、经营、管理知识的有效手段。

安徽现代农业职业教育集团组建于2012年,由本科高校、高职院校、县(区)中等职业学校和农业企业、农业合作社等59家理事单位组成。在理事长单位安徽科技学院的牵头组织下,集团成员牢记使命,充分发掘自身在人才、技术、信息等方面的优势,以市场为导向、以资源为基础、以科技为支撑、以推广技术为手段,组织编写了这套服务"三农"系列丛书,全方位服务安徽"三农"发展。本套丛书是落实安徽现代农业职业教育集团服务"三农"、建设美好乡村的重要实践。丛书的编写更是凝聚了集体智慧和力量。承担丛书编写工作的专家,均来自集团成员单位内教学、科研、技术推广一线,具有丰富的农业科技知识和长期指导农业生产实践的经验。

丛书首批共22册，涵盖了农民群众最关心、最需要、最实用的各类农业科技知识。我们殚精竭虑，以新理念、新技术、新政策、新内容，以及丰富的内容、生动的案例、通俗的语言、新颖的编排，为广大农民奉献了一套易懂好用、图文并茂、特色鲜明的知识丛书。

深信本套丛书必将为普及现代农业科技、指导农民解决实际问题、促进农民持续增收、加快新农村建设步伐发挥重要作用，将是奉献给广大农民的科技大餐和精神盛宴，也是推进安徽省农业全面转型和实现农业现代化的加速器和助推器。

当然，这只是一个开端，探索和努力还将继续。

安徽现代农业职业教育集团
2013年11月

前　言

21世纪以来，化石燃料燃烧导致碳排放量逐渐增加，日益威胁着地球的生态环境，因此，碳中性燃气的开发已成为燃眉之急。

沼气主要是一种可再生能源，在风能或太阳能不足时可以作为补充能源。未来人们能够根据用能需求定量生产沼气，而且能够在能源市场价格较高时生产。天然气储存的方法同样适用于沼气储存，如此可实现用能高峰期的能源补充。同时，先进的沼气生产技术能够为沼气能源补充提供保障。

实际上，沼气的人工制取和利用已有100多年的历史，沼气在我国农村推广利用已经获得了显著的社会、生态、经济和能源效益。自20世纪80年代以来，沼气及其残留物的综合利用发展十分迅速，而以沼气为纽带的生态农业建设正好体现了可持续发展的理念。沼气的制取不但能够获得高效清洁的能源，而且能有效地治理环境污染，恢复自然生态。我国在农村推广户用沼气池力度很大，每年新增的沼气池用户多达400多万户。但笔者通过调查发现，由于农村剩余劳动力的转移，农村建成的沼气池因人、畜粪便少而不能正常运行。今后沼气池要往人口相对集中的村镇、养殖场修建，才能发挥效益，使沼气用户从中受益。规范、发展和普及沼气及其发酵残留物综合利用技术，以取得更好的经济社会和生态效益，增强科技在农村发展

沼气生产实用技术

中的作用,让农民确实得到实惠,是笔者写作此书的目的。

  本书取材丰富,内容科学、准确,侧重于技术的规范化和可操作性,通俗易懂、操作简便、图文并茂,结合实际调查,提出了养殖场沼气工程和发酵床养殖技术相结合的行之有效的方法。

  本书适用于广大农村的农业技术人员,从事生态农业、农业环境保护、农村可再生能源开发和循环经济研究的科技工作者以及从事农村管理工作的领导干部,也可供高等院校相关专业的师生参考。本书的编写得到了安徽科技学院闻爱友老师的大力支持,特表示感谢!由于时间和编写水平的限制,本书难免会有疏漏之处,衷心希望读者提出批评意见,并恳请有关专家学者不吝赐教。

编 者
2013 年 11 月

目 录

第一章 沼气产生的原理及条件 …………………………… 1
  一、沼气基础知识 ……………………………………… 1
  二、沼气发酵的微生物与原料 ………………………… 2
  三、沼气发酵的影响因素 ……………………………… 8
  四、沼气发酵启动的操作技术 ………………………… 12

第二章 农村户用沼气工程 ………………………………… 17
  一、农村常用沼气池的分类与构造 …………………… 17
  二、农村户用沼气池的设计原则 ……………………… 21
  三、沼气池设计的参数 ………………………………… 23
  四、沼气池的规划布局与位置选择 …………………… 24
  五、农村户用沼气池的安全建造方法 ………………… 27
  六、农村沼气工程质量检查 …………………………… 39

第三章 沼气输配系统的安装与使用 ……………………… 44
  一、沼气输配系统的构成 ……………………………… 44
  二、输气管路的安装与使用 …………………………… 45
  三、管路附件的安装与使用 …………………………… 56
  四、沼气用具的安装与使用 …………………………… 68

第四章 沼气池的启动与管理 ············ 92

一、沼气池的快速启动 ················· 92
二、沼气池的运行管理 ················· 94
三、沼气池的安全管理 ················ 100

第五章 沼气池故障排除与维修养护 ········ 104

一、沼气池本身常见故障与排除 ············ 104
二、沼气发酵原料常见故障与排除 ··········· 105
三、沼气用具常见故障与排除 ············· 106
四、沼气池的维修 ·················· 107
五、沼气池的养护 ·················· 111

第六章 畜禽场沼气与发酵床并用技术处理粪污工程 ··· 113

一、钢筋混凝土工程施工 ··············· 114
二、利浦制罐技术 ·················· 119
三、搪瓷钢板拼装制罐技术 ·············· 124
四、发酵床养猪技术 ················· 127

第七章 沼气、沼液与沼渣的利用 ·········· 137

一、沼气的利用 ··················· 137
二、沼液的利用 ··················· 143
三、沼渣的利用 ··················· 149

参考文献 ······················ 155

第一章
沼气产生的原理及条件

一、沼气基础知识

1.什么是沼气

沼气是有机物质在厌氧条件下,通过各类厌氧微生物协同分解代谢所产生的、可以燃烧的多组分混合气体。生活中常见的有机物质有杂草、有机垃圾、人畜粪便、污泥、有机废水等。

在日常生活中,常见的水沟、污泥塘中冒出的气泡即为沼气。沼气是一种清洁的、可燃烧的气体,它与城市里使用的天然气性能类似,只是沼气的发热量(热值)比天然气稍低一些。我国在20世纪30年代开始建沼气池时,将沼气称为"瓦斯气"。

2.沼气的组成

沼气是一种无色、稍有臭鸡蛋味的多组分混合气体,其主要成分是甲烷和二氧化碳,含有少量的氢气、一氧化碳、氮气、硫化氢。沼气中的甲烷、氢气、一氧化碳、硫化氢为可燃气体,二氧化碳与氮气为不可燃气体。沼气中甲烷的含量通常为55%～70%,二氧化碳的含量为25%～40%。沼气中甲烷的含量越高,沼气的热值越大,沼气的质量也就越好。

3. 沼气的用途

家用沼气池生产的沼气主要是用作生活燃料的。假设修建一个容积为 6 米³ 的沼气池,每天投入 4 头猪的粪便进行发酵,那么它所产生的沼气能够解决一个四口之家照明、做饭的燃料问题。沼气的应用比较广泛,既可以用于农业生产中,如温室保温、储备粮食、烘烤农产品、水果保鲜等,也可发电作为农机动力,大、中型沼气工程生产的沼气可以用来发电、烧锅炉、加工食品、采暖或供给城市居民使用。例如,安徽省淮北市濉溪县洪庄沼气站为第一个大型农户沼气工程,2001 年投入使用,经过几年来的不断改造升级,目前已采用市场化运作经营,日产沼气 2000 米³,供 1000 户村民使用。同时,沼气站每天产出 200 米³ 优质沼液、沼渣,用于村里 600 座蔬菜大棚的肥料。发酵过的沼液可以用来浸种、作果树叶面喷施的肥料,沼渣可以用作果树、蔬菜的肥料。

4. 沼气与天然气的对比

沼气与天然气的对比见表 1-1。

表 1-1　沼气与天然气的对比

气体种类	沼气	天然气
制取方法	发酵法	钻井法
可燃成分	甲烷、氢气、一氧化碳、硫化氢	甲烷、丙烷、丁烷
可燃成分含量(%)	60～70	85 以上
热值/(千焦/米³)	20000～29000	39000 左右

二、沼气发酵的微生物与原料

1. 沼气发酵的微生物

发酵微生物可以细分为五大类:发酵性细菌、耗氢产乙酸菌、产

第一章 沼气产生的原理及条件

氢产乙酸菌、食氢产甲烷菌、食乙酸产甲烷菌。或者,发酵微生物大致可以分为两大类:产酸菌和产甲烷菌。

在沼气发酵系统中,不管在自然界还是在沼气池里,产酸菌与产甲烷菌都按照各自的遗传特性进行着代谢活动,它们之间既相互依赖,又相互制约,构成一条食物链。它们之间的相互关系主要由以下几个方面表现出来。

(1)产酸菌为产甲烷菌提供食物 产酸菌将各种复杂有机物,如碳水化合物、蛋白质、脂肪进行厌氧降解,生成游离氢、二氧化碳、氨、甲酸、乙酸、丙酸、丁酸、甲醇、乙醇等产物。其中丙酸、丁酸、乙醇等又可被产氢产乙酸细菌转化为氢、乙酸、二氧化碳等。这样,产酸菌通过其生命活动为产甲烷细菌提供了合成细胞物质和产甲烷所需的食物。产甲烷细菌则充当了厌氧环境有机物分解中微生物食物链的最后一组成员。

(2)产酸菌为产甲烷菌创造适宜的厌氧环境 在沼气发酵的过程中,进料使得空气进入发酵池。原料、水本身也带有溶解氧,这显然对产甲烷细菌是不利的,去除需依赖产酸菌中那些需氧和兼性厌氧微生物的活动。不同的厌氧微生物对氧化还原电位的适应也不相同,通过它们有序的交替生长和代谢活动,逐步将氧消耗掉,使发酵液氧化还原电位不断下降,逐步为产甲烷菌生长和产甲烷创造适宜的厌氧环境,使环境的氧化还原电位降低至330毫伏以下,这时产甲烷细菌快速繁殖。

(3)产酸菌为产甲烷菌清除有毒物质 工业废水或者废弃物为发酵原料时,其中可能含有酚类、氰化物、苯甲酸、长链脂肪酸、重金属等对产甲烷细菌有毒害作用的物质。产酸菌中有些种类能裂解苯环,从中获取能源和碳源;有些能以氰化物作为碳源;有些则能够降解长链脂肪酸,生成乙酸和较短的脂肪酸。这些作用不但解除了对产甲烷菌的毒害,而且给产甲烷菌提供了养分。此外,产酸菌产生的硫化氢,也可以与重金属离子作用,生成不溶性的金属硫化物沉淀,从而解除了一些重金属的毒害作用。例如：

$$H_2S + Cu^{2+} \rightarrow CuS\downarrow + 2H^+$$

$$H_2S + Pb^{2+} \rightarrow PbS\downarrow + 2H^+$$

(4) 产甲烷菌为产酸菌清除代谢废物，解除反馈抑制　产酸菌发酵产物在环境中的积累可以抑制同样产物的继续生成，这称为"反馈抑制"。如氢的积累可以抑制氢的继续产生，酸的积累可以抑制产酸菌继续产酸，且积累浓度越高，反馈抑制作用越强。在沼气发酵的过程中，产酸菌最终形成的氢、二氧化碳、乙酸等，是产酸菌的代谢废物，这些物质在环境中的积累会产生反馈作用。

在正常的沼气发酵过程中，产甲烷菌会及时把产酸菌所产生的氢、二氧化碳、乙酸等利用掉，使沼气发酵系统中不会积累过多的氢和酸，这样就不会产生反馈抑制，产酸菌也就能继续正常地生长和代谢了。

(5) 产酸菌与产甲烷菌共同维持发酵环境的 pH　在沼气发酵初期，产酸菌首先降解原料中的淀粉、糖类等物质，产生大量的有机酸，产生的二氧化碳也部分溶于水，使发酵液 pH 明显下降。而此时，一方面产酸菌类群中的氨化细菌迅速进行氨化作用，所产生的氨中和部分酸；另一方面，产甲烷细菌也利用甲酸、乙酸、氢和二氧化碳形成甲烷，消耗酸和二氧化碳。在一定条件下，两个类群共同作用，使 pH 稳定在一个适宜范围内。

有机废物经过上述两类微生物的分解，最终生成了水和以甲烷和二氧化碳为主要成分的气体，只有小部分难以降解的物质和新生长出的微生物细胞以厌氧消化污泥的形式残存，使大部分有机物经厌氧消化而去除，生成的甲烷经燃烧或大气中紫外线的照射而氧化为二氧化碳和水。有机物经厌氧消化，最终被分解为无害的气体和水。

2. 沼气发酵的原料

在农村,可以作为沼气发酵的原料是十分丰富的,最常见的有人畜粪便,如人、猪、马、牛、羊、鸡、鸭的粪和尿等。各种作物秸秆(麦草、稻草、玉米等)、青杂草、水葫芦、烂菜叶、废渣、废水(酒糟、屠宰场废水和制豆腐的废渣水)等也都是很好的沼气发酵原料。但是,"四位一体生态"模式中的沼气池不能用作物秸秆作为发酵原料,因为秸秆在沼气池中滞留期长达 90 天以上,会影响用户对蔬菜的施肥需要,而且出料困难。

应当注意的是,并不是所有的植物都能作为沼气发酵的原料。例如,百部、桃叶、马钱子、皮皂之、元江黄芩、元江金光菊、大蒜和刚消过毒的人、畜、禽粪便等。因其对沼气发酵有较强的抑制作用,所以不适宜作为发酵原料。

根据原料的含碳量和含氮量,原料还可以分为富碳原料和富氮原料两大类。

(1)富碳原料 富碳原料主要由农作物秸秆和杂草构成,它们含碳量高,碳氮比通常超过 30∶1,主要成分为木质素、纤维素、半纤维素和蜡,代谢利用和产气速度均较慢。以这类物质为原料时,需要进行预处理,以便提高原料的利用率和产气速度。

(2)富氮原料 富氮原料主要由人、畜和禽的粪便及易腐生活垃圾构成,它们的氮元素含量较高,碳氮比一般均小于 25∶1。粪便的颗粒较细,可作为正常沼气池的原料,不需要进行预处理,代谢分解和产气速度较快。在沼气池启动时,可以直接使用马粪、羊粪及牛粪等碳氮比在 20∶1 以上的粪便原料,但最好使用牲畜的混合粪便。通常不建议使用大量的人粪,除非沼气池的主要发酵原料要求为人粪便,而这时一定要提早用人粪便培养好接种物。沼气池的主要发酵原料不能使用鸡粪,因为鸡粪极易造成沼气发酵体系酸化,并且不能自动恢复,也很难进行调整,而且鸡粪中石粉碳酸钙含量较多,易沉积在发酵池内,造成堵塞,清理困难。

除秸秆、粪便等原料外,农村的一些水生植物,如水花生、水葫芦、水草等,由于繁殖速度快、产量高、碳氮比合适,容易被沼气发酵细菌利用,所以也是比较理想的原料。

3.沼气发酵原料的产气速率

产气速率指的是原料在一定发酵条件下产生沼气的速度,通常以一段时间内沼气产量占总产气量的比例来表示。在相同的条件下,不同的原料产气速度不同,通常富氮原料比富碳原料的产气速度快。依据原料的产气率和产气速率,搭配使用不同发酵原料能获得较高的产气量和均衡的产气速率。

表1-2为几种常见原料的产气速率实测值。

表1-2 几种常见原料的产气速率实测值

原料	产气速率(沼气产量占总产气量的比例)(%)				
	10天	20天	30天	40天	60天
猪粪	74.2	86.3	97.6	98.0	100
人粪	40.4	81.5	94.1	98.2	100
马粪	63.7	80.2	89.0	94.5	100
牛粪	34.4	74.6	86.2	92.7	100
玉米秸	75.9	90.7	96.3	98.1	100
麦秸	48.2	71.8	85.9	91.8	100
稻草	46.2	69.2	84.6	91.0	100
青草	75.0	93.5	97.8	98.9	100

4.沼气发酵常用料的产气量

农村常用料有干料和湿料两种。干料产气量是指原料在110～150℃干燥至恒重后,所能得到的产气量,即每千克总固体的产气量;湿料产气量是指每千克鲜料的产气量。常用料的产气量见表1-3。

第一章 沼气产生的原理及条件

表 1-3 常用料的产气量

种类	每千克总固体产气量/米³	每千克鲜料产气量/米³
猪粪	0.42	0.072
牛粪	0.30	0.045
鸡粪	0.31	0.052
稻草	0.40	—
麦草	0.45	0.32
青草	0.44	—
玉米秆	0.50	0.066
高粱秆	0.40	0.16(风干)
油菜秆	0.38	0.152(风干)

5. 沼气发酵原料的碳氮比

沼气发酵原料是产生沼气的物质基础。原料的碳氮比就是指原料中碳素总量和氮素总量的比例。甲烷菌从发酵原料中吸取营养物质(碳素、氮素及无机盐类)。碳素是构成甲烷菌细胞的成分,也提供了产生甲烷的能源。氮素是构成细胞的主要成分,氮素的多少与菌体细胞的增长速度和数量是成正比的。无机盐类可以构成细胞的成分,又可以调节微生物细胞的生理活动。所以,发酵开始启动时碳氮比值稍低些,有利于菌体的生长。而在正常运转阶段,由于不断释放出甲烷等含碳素的气体,而氮素则较多地保留在发酵液中,因此需不断地补偿碳素的损耗。实践证明,投入的混合原料碳氮比值一般应控制在(20～30):1,这样有利于持久稳定地产气,同时有机氮分解时释放出来的氨与水生成的氧化铵能够中和有机酸,起到对酸碱度的调节作用,还可防止"跑"氮,有利于沼渣水肥效的保持。

三、沼气发酵的影响因素

1.温度对沼气发酵的影响

温度的高低对沼气发酵有着显著的影响。在一定温度范围内,温度越高,发酵速度越快,产气量越大。在 30~45℃的中温发酵中,35℃左右是产气高峰;在 45~60℃的高温发酵中,54℃左右是产气高峰(如图 1-1 所示)。农村的沼气采用常温发酵,池温随季节不同而发生变化,这也是产气率较低的主要原因之一。所以,采用适当措施使池温保持恒定且维持在产气量较大的点上,对提高产气率有很大的帮助。温度对产气的影响,其实是影响了沼气微生物分解有机物的速度。温度越高,分解有机物的速度就越快,发酵物在池内的停留期也就大大缩短。因此,在温度较高的发酵进程中,只有及时进料和出料,使微生物不断得到新鲜的营养成分,才能保证持久的高产气量。

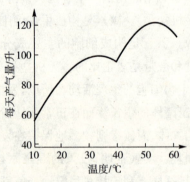

图 1-1　发酵温度曲线图

2.pH 对沼气发酵的影响

沼气发酵微生物的生长、繁殖,要求发酵料液度保持中性,或者稍偏碱性,通常情况下,沼气池的 pH 应维持在 6.8~7.5,最好在 7.2

左右,过酸、过碱对发酵和产气都有影响。其中,产酸细菌对环境的酸碱性要求较低,一些细菌可以在 pH5.5~8.5 的环境中良好地生长,有些甚至可以在 pH5.0 以下的环境中生长。适宜产甲烷细菌生长的 pH 随菌种的不同而差异较大,通常为 6.5~7.8。

3. 压力对沼气发酵的影响

沼气发酵与池内的压力有一定的关系,沼气池内气压过高时,产气速率下降。农村大量使用的水压式沼气池,发酵过程中池内压力不断变化,在用气时压力下降,料液从水压间流入发酵间;在储气时(即不用气时)压力上升,料液从发酵间流到水压间。这种料液的流动可以起到一定的搅拌作用,使压力对沼气发酵的影响减小。

4. 厌氧环境对沼气发酵的影响

沼气发酵菌群中的产甲烷细菌是严格厌氧菌,对氧特别敏感,在有氧的环境中不能生存,微量氧的存在都会妨碍沼气发酵的正常进行。产酸、产氢阶段的不产甲烷细菌多数也为厌氧菌,在厌氧的条件下才能生存和进行产氢、产酸代谢活动。所以,沼气池必须严格密封,不漏水、不漏气。

沼气发酵启动和投料时带入的一部分氧气对沼气发酵产生的影响不大,不会破坏沼气发酵的正常进行。这是因为沼气池中还存在着一部分好氧菌和兼性菌,带入的氧气很快会被不产甲烷细菌中的好氧菌或者兼性菌消耗掉,使池内保持厌氧环境,同时这一部分氧气也使好氧菌、兼性菌与厌氧菌保持着动态平衡。

5. 接种物对沼气发酵的影响

沼气发酵能否快速启动和正常运行,与接种物的质量及数量有关。若沼气发酵启动时的接种物不够,可能就会出现启动缓慢、经过很长时间产气速率仍然较低的现象;接种物质量较差,则产甲烷细菌数量较少、活性较低,这时水解性细菌和产氢、产酸细菌繁殖很快,而产甲烷细菌则繁殖较慢,导致不产甲烷作用较快,产甲烷与不产甲烷过程的平衡失调就有可能造成有机酸的缓慢积累,从而发酵液pH下降,沼气池酸化,就会出现产气慢和沼气中甲烷含量低(质量差)的现象。

6. 料液浓度对沼气发酵的影响

农村沼气发酵浓度通常采用总固体(也称为"干物质",TS)浓度来表示,总固体浓度是指完全不含水的原料占发酵料液总量的比例。料液浓度太低或太高,均对发酵不利。浓度太低时,发酵的原料较少,水量较多,就会造成沼气发酵细菌数量减少,降低沼气池的产气量,对于发挥沼气池的产气效能不利;浓度太高,即含水量较少,发酵料液黏稠,既不利于沼气发酵细菌的活动,也不利于发酵原料、发酵中间产物(氢、乙酸、二氧化碳)和最终产物(甲烷、二氧化碳)的迁移和传递,易造成沼气池局部酸化,使发酵受阻,产气速度下降,产气量减少,且还易出现结壳等不利于沼气向输气管道排出的现象。

另外,由于沼气池的容积是固定的,所以在进料总固体量相同时,浓度太低,即加水过多,会使原料在沼气池中停留的时间缩短,部分原料没有经过发酵就可能被排出,浪费了原料,还有可能影响沼气发酵残留物的综合利用。

7. 促进剂对沼气发酵的影响

(1)促进剂的作用 促进剂在沼气发酵中有三方面的作用:
①改善和稳定产甲烷菌的生活环境,加速新陈代谢。
②改善沼气微生物的营养状况,满足它们的营养需要。
③提供促进发酵微生物生长繁殖的微量元素。

促进剂用量小,但效果大,所以在使用过程中应注意:有些促进剂具有双重性,当添加量小或适量时,对沼气发酵有促进作用;若用

第一章 沼气产生的原理及条件

量过大,超过一定的限度时,则会对发酵产生负面影响,变为抑制剂。所以,正确使用促进剂是十分重要的。

(2)几种促进剂的用量与作用 下面介绍几种促进剂的用量与作用:

①碳酸钙。可以提高牛粪消化器的产气量和甲烷的含量。

②尿素。添加到牛粪消化器内,产气速度和产气量可提高。

③甲醇和醋酸钠。添加 0.25%～0.5% 的甲醇和 0.25%～0.5% 的醋酸钠,可以提高沼气产量。

④纤维素酶。进料时添加,可以加速有机质分解,提高产气量。

⑤黑曲霉。添加到污泥消化器内,可以提高甲烷的含量。

⑥稀土元素。每立方米料液加 5 克铜,投入沼气池内,可以将产气量提高 17%。

⑦钾、钙、钠、镁。它们都能对沼气发酵起到刺激作用。添加浓度是:钾 200～400 毫克/升,钙 100～200 毫克/升,钠 100～200 毫克/升,镁 75～150 毫克/升。

⑧硫酸锌。添加量为 0.005% 时,沼气产量可提高 3%;添加量为 0.01% 时,沼气产量可提高 40.2%;添加量为 0.02% 时,沼气产量可提高 21%。

⑨碳酸氢铵。用量为料液的 0.1%～0.3%,即 1 米^3 料液加 1～3 千克,溶解于水后倒入沼气池并进行搅动,可将产气量提高 30% 左右。

⑩旧电池中含有的碳、锰、锌及铵等。一个 8 米^3 沼气池,用 17 节电池,剖开砸碎后放入发酵原料中,投入沼气池 3 天即可增加产气量。沼气池产气后要合理处理其中的料渣,以防其对农田产生污染。

总之,促进剂对提高沼气产量具有一定作用,但大部分促进剂均不是发酵原料,它们只能起到辅助作用,不可能长期靠它们来增加产气量,产气量提高的根本还在于保证投入充足的发酵原料。严防加入一些重金属离子、农药、洗衣粉及其他有毒物质等抑制剂。

8. 适当搅拌对沼气发酵的影响

农村沼气池在不搅拌的情况下,发酵料液会形成三层:上层为浮渣层,中层为清液层,下层为沉积层。因为沼气发酵微生物主要存在于下层的污泥中,所以有效的产气部位在最下面的沉积层。这就不利于沼气发酵微生物与原料充分接触,会降低沼气的发酵效率。如果发酵浓度较高,还容易造成局部区域的酸积累,抑制沼气发酵。最上层的浮渣不容易接触到大量的沼气发酵微生物,不易被分解和利用,使原料利用率和产气率下降。大量浮渣积聚还可能造成结壳等现象,使产生的沼气难以逸出液面。实践表明,每天搅拌 2 次,每次搅拌 15~30 分钟,可提高沼气产气量 30% 左右。不搅拌和间歇搅拌的对比试验结果表明,立式沼气池搅拌比不搅拌的产气量高 30.5%;卧式沼气池搅拌比不搅拌的产气量高 14.9%。可以看出,在沼气发酵的过程中,进行搅拌能够有效地提高产气速度和原料降解速度,对整个沼气发酵起着重要作用。

四、沼气发酵启动的操作技术

为使新建成的沼气池产气快、产气好,初次装料时需达到以下几个要求:

1. 选用优质发酵原料

在投料前,需要选择有机营养适当的猪粪、牛粪、羊粪及马粪作为启动的发酵原料。不能单独用鸡粪、人粪和甘薯渣启动,这些原料易酸化,使发酵不能正常进行。

2. 原料预处理

当原料为鲜人粪、风干粪、羊粪、鲜禽粪时,在入池前必须做预处理,如堆沤。在堆沤的过程中,发酵细菌大量生长繁殖,减缓酸化作

第一章 沼气产生的原理及条件

用,还能防止料液入池后干粪漂浮于上层而结壳或者产酸过多,使发酵受阻。

3. 加入丰富的接种物

在新池装料前需要收集老沼气池里的沼液、沼渣、粪坑的底脚黑色沉渣、塘泥、城镇污水沟泥等,这些均含有丰富的沼气细菌,是良好的接种物。把接种物和发酵原料均匀混合,接种物量要达到发酵原料量的10%~30%,同时加入池内。

4. 掌握好发酵料液浓度

第一次投料量需为池子容积的80%,最大投料量为池子容积的85%,投料浓度为6%~10%。投入的料至少要超过进出料管下口上沿15厘米,以封闭发酵间。

5. 调节好发酵原料的酸碱度

池中发酵液的酸碱度,即pH应以6.8~7.5为适中,过酸(pH<5.0)或者过碱(pH>8.0)都不利于原料发酵和沼气的产生。

在沼气发酵启动的过程中,酸化现象通常表现为产出的气体长期不能点燃或者产气量下降,发酵液颜色变黄,火焰为红黄色。当pH<6.5时,需要取出部分发酵液,重新加入大量接种物,也可以加入适量草木灰或者石灰水澄清液调节,使pH达到6.8以上,从而达到正常产气的目的。

6. 启动与试火

选择在晴天,将预处理的原料及准备好的接种物混合在一起,立即投入池内,并且按要求加水,封好活动盖。当沼气压力表上的水柱达到30~40厘米时,需放气试火,若能点燃,说明沼气发酵已正常启动。

以半连续常规发酵的工艺流程为例：

半连续常规发酵法兼顾了生产沼气、制造有机肥及农业生产集中用肥的需要，具有良好的综合性效益。此工艺流程如图1-2所示。

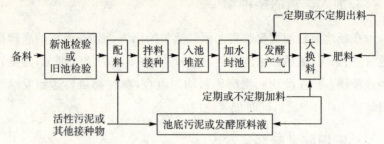

图1-2 底层出料水压式沼气池半连续常规发酵工艺流程

注：若采用池外堆沤区，应在适当堆沤后拌料，接种后再投料加水封盖。

(1) 备料 备料是沼气发酵工艺的第一步。要注意原料的收集，建议修建囤粪备料池，将收集到的原料储存在囤粪池内。按目前农村的生活水平，每人每天需用沼气 0.3～0.4 米^3，一个四口之家每天约需 1.5 米^3 的沼气。若只用猪粪原料则应因地制宜、因户制宜，除了秸秆以外有什么原料就用什么原料，在这个基础上尽量合理配料。配料比见表1-4。

表1-4 每立方米料液的参考配料比　　　　　　　（单位：千克）

配料组合	浓度为6%		浓度为8%		浓度为10%	
	加料量	加水量	加料量	加水量	加料量	加水量
鲜猪粪	333	667	445	555	555	445
鲜牛粪	353	647	470.5	529.5	588.2	411.8
鲜骡粪、马粪	300	700	400	600	500	500
鲜牛粪、骡粪	350	650	460	540	550	412

(2) 新池检验或旧池检修 新建沼气池，要按照设计的要求，严格检查新池的质量，经检查质量合格后，方能投料生产。对使用1年以上，又没有用密封涂料的沼气池，在大换料后，需对池体进行一次

仔细检查,如果发现有裂损的地方和渗漏现象,要及时修复。

(3)配料、原料入池前配料

①发酵原料的浓度。南方各省,夏天6%最适宜,冬天10%最适宜;北方地区,沼气最佳发酵时间一般在5~10月,浓度为6%~11%。不同季节的投料量均不同,初始浓度低些有利于启动。按6%的浓度,每立方米池容需要投入鲜人畜粪300~350千克,水(包括接种物)650~700千克;按8%的浓度,每立方米池容需要投入鲜人畜粪430~470千克,水530~570千克,其中接种物占20%~30%。

②碳氮比值。沼气发酵的碳氮比值为(20~30):1最适宜。

(4)拌料接种 首先选取和收集优良的接种物,按工艺要求的接种量进行接种。为使接种物与入池原料混合均匀,需进行拌料。

①接种物。在各种厌氧有机物消化的地方采集接种物。下水道污泥,屠宰场、豆腐坊、肉食品加工厂、酒厂及糖厂等地的阴沟污泥,塘堰沉积污泥、湖泊污泥,正常发酵的沼气池底脚污泥或发酵料液,以及陈年老粪坑底部粪便等,这些都含有大量沼气微生物,可以采集为接种物。对于有条件的地方,最好能对所选取的接种物进行富集及扩大培养。这样既能使不同区系的沼气微生物个体得到增殖,也能使大量接种微生物群体适应入池后的新环境。

②拌料。把准备好的粪类原料、接种物和水按比例拌均匀。

(5)入池堆沤 将拌好的发酵原料从沼气池的顶部加入。全部用人、畜粪尿作发酵原料的装料方法是:初次投料,人畜粪、接种物及水等的总量,在保证原料浓度的情况下,需占池子容积的70%,以后逐步添加,最大投料量占池子容积的75%。如果因原料不足,一次性投料不能达到要求的投料量时,最小投料量也需超过出进料管下口上沿15厘米左右,以封闭发酵间。拌、投料最好选择在晴天进行,这样有利于发酵。需注意1~3月地温最低,不适宜投料启动发酵。

(6)加水封池 池内的堆沤过程中,由于好氧和兼氧微生物的作用,发酵料液的温度会不断上升。当池内发酵原料的温度上升到

40～60℃时(夏1～2天,秋冬3～5天)加水。加水完毕后,可用pH广泛试纸检查发酵料液的酸碱度,一般pH在6以上时即可封池;若pH低于6,可加上适量氨水、草木灰或澄清石灰水,把pH调整到7左右,再封池。封池后,需及时将输气导管开关和灶具安装好,且关闭输气管上的开关。

(7)**放气试火**　按上述的工艺流程操作,沼气池封盖以后,开始几天所产的气体主要是二氧化碳,由于甲烷含量较少,再加上池内原来有很多空气,所以刚开始放出来的气体很难燃着,要排放数次废气才能试火。通常,封盖后2～5天即可点火试气。但需特别注意,试火一定要在灶具上进行,不能在沼气池导气管上直接试火,以防回火引起沼气池爆炸。在灶具上开始试火时需先关闭灶具的风门,等风门敞开、火焰能稳定不灭时,表明发酵启动阶段已经完成。

第二章 农村户用沼气工程

一、农村常用沼气池的分类与构造

我国农村最常见的沼气池为水压式沼气池,少部分为浮罩式沼气池,极少数为气袋式沼气池。沼气池池型通常为圆形、方形及长方形。实践证明圆形最好,目前修建也是最多的。

1.农村沼气池的分类

根据国家标准《户用沼气池标准图集》(GB/T 4750-2002),我国农村户用沼气池包括曲流布料沼气池、预制钢筋混凝土板装配沼气池、圆筒形沼气池、椭球形沼气池、分离浮罩沼气池等五种池型。

(1)曲流布料沼气池

①A型池。该池型的池底由进料口向出料口倾斜,池底部的最低点设在出料间底部,在倾斜池底的作用下,形成一定的流动推力,实现主发酵池进、出料自流,可以在不打开天窗盖的情况下将全部料液从出料间取出。

②B型池。该池型设有中心进出料管和塞流板。中心进出料管有利于从主池中心部位抽出或加入原料;塞流板有利于控制发酵原料在底部的流速和滞留期,同时也有固菌作用。

③C型池。该池型设置了面料板、中心破壳输气吊笼及原料预

处理池。这些装置可以有效地增加新原料的扩散面,充分发挥池容的负载能力,提高产气量,并且延长连续运转周期。

(2)**预制钢筋混凝土板装配沼气池** 预制钢筋混凝土板装配沼气池是近年来在现浇混凝土沼气池和砖砌沼气池基础上研制和发展起来的一种新池型。它与现浇混凝土沼气池相比,便于实现工厂化、规范化及商品化生产,还能降低成本、缩短工期、加快建设速度。其主要特点是:把池墙、池盖、水压间墙、进出料管、各管口及盖板等先做成钢筋混凝土预制件,运到建池现场,在大开挖的池坑内进行组装。

(3)**圆筒形沼气池** 在我国,圆筒形沼气池应用也比较普遍,其特点是性能好、结构简单、适应性强、便于施工、操作管理容易。

(4)**椭球形沼气池** 椭球形沼气池是在圆筒形沼气池的基础上演变而来的,也称为"扁球形沼气池"。其特点是:埋置深度较浅,管理使用方便,但是施工时椭圆度不易掌握。

(5)**分离浮罩沼气池** 与前面四种沼气池相比,分离浮罩沼气池已经不属于水压式沼气池范畴,其特点是:发酵池与储气箱分离,没有水压间,采用浮罩与配套水封池储气,发酵间的装料容积较大,在使用的过程中,相对于水压式沼气池,气压比较稳定。

按建池埋没位置,我国农村用户沼气池分为地下式沼气池、半埋式沼气池和地上式沼气池。

①地下式沼气池。地下式沼气池全池埋入地下,具有如下特点:

• 节约用地,并且可进行局部墙体土模施工。

• 利用池外地基土对池壁的外围环向压力作用,增强池体的均匀受力。

• 有利于寒冬季节的保温及防冻。利用土壤湿度和温度的变化使沼气池壁面结构保持稳定。

• 由于池口接近地面,进出料较方便,有利于实现沼气池、厕所和猪舍相连接,方便沼气用户的日常管理。

②半埋式沼气池。半埋式沼气池上半部露于地面,下半部位于地下。这种半埋式沼气池的特点是:
- 能够避开地下水施工,建造时可减少挖土量50%。
- 进出料方便,可以进行半机械化操作。

2.农村沼气池的构造

目前,在我国农村推广建造的水压式沼气池通常为圆形和球形,其结构如图2-1所示。

从图2-1可以看出,沼气池一般都设有进料口、出料间、发酵间、气箱、活动盖板、导气管等部分。通常,出料间兼作水压箱,因此也称为"水压式沼气池"。

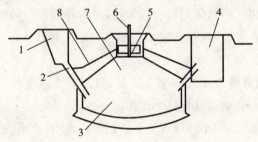

1.进料口;2.进料管;3.发酵间;4.出料间;5.活动盖板;
6.导气管;7.气箱;8.沼气池体

图2-1 水压式沼气池结构

(1)进料口 通常用斜管插入发酵间,以便于进料。进料口下端开口位置的下沿位于池底到气箱顶盖的1/2处。太高,会减小气箱容气的体积;太低,投入的发酵原料不易进入发酵间的中心部位。进料口的大小依照沼气池的大小而定,通常不宜过大。

(2)出料间 出料间(也称"水压箱")是根据储存沼气和维持沼气的气压而设计的,平时兼作小出料之用。体积的大小由沼气池的容积大小而定,通常建一个8米^{3}沼气池的话,出料间以1.5米^{3}为宜。

(3) 发酵间与气箱 发酵间与气箱实际上是一个整体,沼气池下部是发酵间,上部是气箱,它们是产生和储存沼气的地方。由于沼气轻又不溶于水,产生的沼气会上升到盖板下气箱的部位,且逐渐增多,就会将料液挤压到进出料间。当储存的沼气逐渐增多时,池内压力也随之增大。

发酵间与出料间的下方设有通道,以便于发酵后的料液进入出料间,供施肥时取用。通道上沿的位置,应与进料间下口高度相同,通道的宽度至少为70厘米,便于人进入发酵间进行检修和挖取沉渣。

发酵间和气箱应当建在地面以下30厘米左右。池体深度一般2~2.5米为宜。对于地下水位高的地区,池体深度可浅些。

发酵间和气箱的空间和为总容积,通常称为沼气池的有效容积。依据各省(市)经验,现在每家有三口人,通常建一个8~10 米^{3}沼气池就够用了。

(4) 活动盖板 设置在池盖的顶部,通常为瓶塞状,现在多数采用椭圆反盖。活动盖板有三个作用:

①沼气池装好发酵原料,盖上活动盖板,让其密闭、不漏气。

②在沼气池维修和清除沉渣时,打开活动盖板,用来通风,保证人进入池内的安全。

③在沼气池大换料时,打开活动盖板,以装入发酵原料。

(5) 导气管 导气管是安装在活动盖板上的管件,是连接储气箱与输气管之间的装置。所以,导气管起输出沼气的纽带和中枢作用。安装导气管时,一定要严、要紧,严防跑气、漏气。

水压式沼气池的优点:

①池体结构合理、使用、管理方便。

②建池材料来源广泛。

③建池投资较少。

④沼气池建在地下,与周围土壤紧密接触,可以充分利用土壤的

承载能力和恒温作用,有利于冬季使用。

⑤适宜粪便和作物秸秆等多种发酵原料均适用于压式沼气池。

二、农村户用沼气池的设计原则

1."三结合"原则

所谓"三结合"就是指将沼气池、猪圈、厕所三者修建在一起,这是南方地区居民在实践过程中总结出来的一条重要经验。其主要好处是:

①人、畜粪便自动流入池内,密闭发酵,节省输送粪便入池的劳动力,便于把人、畜粪便有效地储存起来。

②每天都有新鲜的发酵原料入池,有利于提高产气率。

③这种沼气池适宜建在住房附近,管理方便,用输气导管连接的距离较短,减少购买输气管的开支。

④有利于在冬季寒冷时保持池温。

2."圆"、"小"、"浅"原则

(1)圆 所谓"圆",就是指沼气池为圆筒形,这种结构受力性能好,省人工、省材料,施工简便,料液在发酵间能够充分混合;另外,圆形沼气池的内壁没有直角,有利于解决池子密封的问题。

(2)小 所谓"小",就是指沼气池的容积要小。沼气池大,产气却不一定多。若发酵原料不足,管理措施跟不上,池子修得太大,反而会导致不必要的浪费。因此,国家标准《户用沼气池标准图集》(GB/T 4750-2002)推荐四种容积的沼气池,即 4 米^3、6 米^3、8 米^3、10 米^3。

(3)浅 所谓"浅",就是指沼气池的深度要浅。沼气池底部菌种多、发酵原料多,是产气的主要部位。浅的圆池底增加了厌氧微生物与发酵原料的接触面积,所以产气率较高。此外,浅池池底压力较小，有利于厌氧微生物的活动及沼气的扩散。因此，修建沼气池时，适当降低它的深度，既有利于维修管理、提高产气量，也能减轻出料的劳动强度。

3."安装活动盖"原则

沼气池的顶部都装有活动盖，活动盖直径通常为60～70厘米，可供成年人进、出沼气池。活动盖通常用混凝土制作，上面的直径大，底面的直径小，形状如保温瓶塞。为了能够容易打开，盖板的厚度也不宜过大，一般在15厘米左右。安装时，盖板与盖口的接缝处用黏性较大的黏土进行密封（事先将黏土加水拌成胶泥状），然后在盖口圈内装满水，且经常补加，使黏土保持湿润，从而达到密封的要求。活动盖有以下几方面的作用：

①便于沼气池的内部检查、维修及大换料。沼气池漏气、漏水时，需进行池体内部检查及维修。当沼气池大换料或者需要进行内部维修时，由于进料口、出料口与活动盖口相通，打开活动盖后，易通过活动盖口出尽发酵料液，通过鼓风有利于去除池内所残存的沼气，保证换料或维修人员的安全。同时，活动盖口透光面较大，方便维修人员进行池体检查与维修操作。

②当发酵主池内液面结壳，影响集气和用气时，可打开活动盖打破粪壳。

③当沼气量较多，长时间不用气或进、出料管道受阻碍时，发酵主池内气体压力会过大，超过池子的设计压力，而U形压力表又失灵（如管道受阻）或者使用盒式沼气压力表时，沼气便会将活动盖板顶开，从而降低池内气体的压力，避免造成池体破裂。

4."直管进料、中层出料与出料口加盖"原则

(1)**直管进料**　直管进料是指进料管采用直管斜插方式，这样进

料畅通,方便搅拌。进料管的内径通常在25~30厘米,上口与猪圈、厕所相连,下口通向发酵间。

(2)中层出料 中层出料是指日常的小出料。出料间与发酵间用直管连接,直管插入发酵间中部,直管直径通常在20厘米左右。在管内设计一长柄器,来回拉动数次就可出料。这样,从出料间出来的发酵液肥效高,寄生虫卵及病菌几乎都被杀死了。

(3)出料口加盖 出料口加盖主要是为了保持环境卫生,并防止人、畜掉入沼气池。

三、沼气池设计的参数

1.沼气池容积

沼气池容积的确定是沼气池设计中一个重要的问题。沼气池过小,不能充分利用原料和满足用户的要求;沼气池过大,没有足够的发酵原料,发酵料液浓度过低,会降低产气率。因此,沼气池的容积主要是由发酵原料的多少和用户用气的多少而确定的。

根据目前的生活水平,农村每人每天用气量为 0.2~0.3 米^3,农村户用沼气池的容积以 4 米^3、6 米^3、8 米^3、10 米^3 为宜。养殖场的沼气工程要认真计算畜禽产粪量来确定沼气池容积。

2.产气率

产气率是指每立方米沼气池 24 小时内产沼气的体积,常用米^3/(米^3·天)表示。影响沼气池产气率的因素有很多,如温度、发酵原料的搅拌程度、浓度、接种物多少、技术管理水平等,由于条件不同,产气率也不相同。农村家用沼气池,在常温条件下,产气率的设计参数通常为 0.15 米^3/(米^3·天)、0.20 米^3/(米^3·天)、0.25 米^3/(米^3·天)、0.30 米^3/(米^3·天)。

3. 投料量

通常，沼气池的设计投料量为沼气池容积的80%～90%。料液上部要留有储气间，以供储存沼气。投料量的多少以不使沼气从进料间排出为准。

4. 气压

沼气发酵工艺和沼气灯炉具，都要求沼气气压相对稳定。对于水压式沼气池，考虑到其工作特点（即工作原理），沼气气压不能过低，若气压过低，出料间（即水压箱）容积过大，会导致沼气池占地面积过大。所以，水压式沼气池的设计气压通常以3.9～7.8兆帕（40～80厘米水柱）为宜。

5. 设计尺寸

目前，我国农村推广的水压式沼气池的形状是圆柱削球形，设计尺寸见下面的几何尺寸表（表2-1）。

表2-1 沼气池的几何尺寸表

容积/米^3	占地范围/米		埋置深度/米	池内直径/米	池墙高度/米	削球形池盖/米		削球形池底/米		出料间/米	
	长	宽				曲率半径	矢高	曲率半径	矢高	长	宽
6	4.58	2.88	2.44	2.4	1.0	1.74	0.48	2.55	0.30	1.0	0.8
8	4.88	3.18	2.54	2.7	1.0	1.96	0.54	2.86	0.34	1.2	1.0
10	5.18	3.48	2.64	3.0	1.0	2.18	0.60	3.18	0.38	1.3	1.0
12	5.38	3.78	2.70	3.2	1.0	2.32	0.64	3.4	0.4	1.4	1.0

四、沼气池的规划布局与位置选择

1. 沼气池建筑位置的规划

修建沼气池时，不仅要注意不可以修在离住房太近的地方，还要

第二章 农村户用沼气工程

注意合理紧凑,充分利用地形。沼气池要与厕所和猪圈连在一起,使发酵原料充足且能方便流入池内。池基最好选在常年地下水位较低的地方。在丘陵地区,应当使出料间的地势低于主池,方便沼气池自动出料。

在北方寒冷的地区,要注意沼气池的保温以及防冻。需将沼气池修建在冻土层以下,或与畜舍、日光温室结合修建,这样不仅利用了太阳能,也提高了土地利用率。

2.沼气池的建池位置

沼气池建池位置是否合理,直接影响日后沼气和沼气池的合理使用和管理,所以在建造沼气池时需要充分考虑。为了便于日后的管理及使用,沼气池应与畜舍、厕所三者连通建造,且最好在水压间附近建溢流池,以便于人、畜粪便自流入池及发酵液自动溢出沼气池。为保持和升高池内温度,沼气池需建在向阳、避风、地温较高的地方。从这一点可看出,沼气池最好建在猪圈下面和厕所旁,如果不能建在猪圈下面,则应尽量建在猪圈旁。在北方或者寒冷地区,为解决沼气池的保温以及抗冻的问题,应将沼气池建在冻土层以下或与畜舍、大棚温室等结合的地方。为了减少沼气在输送过程中的损失,水压式沼气池或储气浮罩与灶气用具或厨房的距离需控制在25米以内。为了保证建造质量,沼气池需建在土质坚实、地下水位低的地方,尽量避免建于老沟、老坑、淤泥、杂填土、流沙等复杂地质处以及树木、竹林等地。

另外,沼气池不可以建在距离建筑物太近的地方,防止挖池坑时建筑物倒塌;也不可以建在离公路、铁路较近的地方,防止车辆路过时振动过大而损坏沼气池。

3.沼气池的选择

沼气池的选择主要是对池型和沼气池容积进行选择。沼气池建

沼气生产实用技术

好后不能轻易地改动,也很难更换,加之沼气池的种类也较多,因此,在实际使用中选择哪种沼气池直接关系到用户的切身利益。建造哪种类型的沼气池应充分权衡建池目的、建池材料、建池质量、建池占地、建池速度、沼气发酵原料、沼气池运行管理、建池的投资能力和劳动力成本等问题。

4. 沼气池的有效容积

沼气池的有效容积(也就是主池的净容积)需要根据每日发酵原料的数量、品种、产气率以及用气量来确定,同时要考虑沼肥的用量及用途。

在农村,按每人每天平均用气量 $0.3\sim0.4$ 米^3 计算,一个四口之家,每天煮饭、点灯需用沼气 1.5 米^3 左右。若使用质量好的沼气灯和沼气灶,耗气量还可减少。根据科学试验和各地的实践,规划建造 1 米^3 有效容积的沼气池,通常要求平均每天用一头猪的粪便(约 5 千克)入池发酵。池容积可以根据当地的气温、发酵原料来源等情况进行具体规划。

北方地区冬季寒冷,产气量比南方低,通常选择有效容积为 8 米^3 或 10 米^3 的家用池;南方地区,选择有效容积为 6 米^3 左右的家用池。按照这个标准修建的沼气池,如管理妥善,春、夏、秋三季所产生的沼气,除供烧水、煮饭、照明外还有余。冬季气温下降,产气量减少,但仍可以保证煮饭的需要。有人认为"沼气池修得越大,产气越多",这种想法是片面的。实践证明,有气无气在于"建",即建池;气多气少在于"管",即管理。沼气池容积虽大,若发酵原料不足,科学管理措施跟不上,则产气还不如小池子。但是也不能单纯考虑管理方便,就把沼气池修得很小,如果容积过小,会影响沼气池蓄肥、造肥的功能,这也是不合理的。

第二章 农村户用沼气工程

五、农村户用沼气池的安全建造方法

1.沼气池的建造材料

(1)水泥 水泥是建造沼气池的主要材料。目前,我国生产的水泥有30多种,建造沼气池主要使用普通硅酸盐水泥(强度和安定性指标符合 GB175-2007/XGI-2009 标准),也可以选用矿渣硅酸盐水泥和火山灰质硅酸盐水泥等(强度和安定性指标符合 GB175-2007/XGI-2009 标准)。由于农村户用沼气池等中小型沼气池的池墙和圈梁所用的混凝土强度等级一般均在 C20 以下,因而通常选用 32.5 级、42.5 级普通硅酸盐水泥即可,不需使用高强度等级的水泥。若地下水中硫酸盐、碳酸盐等有害物质的含量超过规定值并对普通水泥有腐蚀作用,需选用矿渣水泥或火山灰质水泥。

①普通硅酸盐水泥。普通硅酸盐水泥主要由铝酸三钙、硅酸三钙、铁铝酸四钙、硅酸二钙四种矿物成分组成。

• 铝酸三钙。水化速度最快,水化时放热量最多,硬化时体积收缩也最大,强度的发展是:早期快而不高,后期有下降的趋势。若铝酸三钙在水泥中含量过多,会使水泥很快变硬,产生急凝,不能施工。这种矿物占水泥总重的 7%~15%。

• 硅酸三钙。水化速度较快,体积收缩较小,水化时放热量以及放热速度仅次于铝酸三钙,强度发展也较快,并且不断增长。硅酸三钙是决定硅酸盐水泥强度的主要成分,占水泥总重的 37%~60%。

• 铁铝酸四钙。水化速度也很快,仅次于铝酸三钙,其早期强度发展比较慢,后期强度发展比较快,体积收缩较大,这种矿物占水泥总重的 10%~18%。

• 硅酸二钙。水化速度、水化放热与体积收缩均最慢、最少和最小。强度发展是:早期比较慢,后期比较快。硅酸二钙是保证水泥后期强度的主要成分,占水泥总重的 15%~37%。

②矿渣硅酸盐水泥。矿渣硅酸盐水泥的主要性质与火山灰质水泥相似,故使用范围以及应用特点也与其基本相同。但它的抗腐蚀性和耐水性较普通水泥好但次于火山灰质水泥。矿渣硅酸盐水泥的泌水性比较大而耐热性较好。

③火山灰质硅酸盐水泥。火山灰质硅酸盐水泥的抗腐蚀性和抗水性均较强,可用于地下、水中以及有侵蚀性的工程。水化热低,在常温下凝结硬化较慢,但在较高温度(75~85℃)和较高湿度(相对湿度95%~100%)条件下,强度发展较快。低温时,强度增长很慢,所以不适宜低温(8℃以下)施工。火山灰质硅酸盐水泥硬化时需水量多,需保持充分的温、湿度。

(2)**沙子** 沙子是混凝土的细骨料。在混凝土拌和物中,水泥浆包裹在沙粒表面且填充沙粒间的空隙。沙颗粒越小,填充沙粒间空隙和包裹沙粒就需要越多的水泥,所以通常用粒径0.35~0.5毫米的中沙。中沙颗粒有大有小,大小颗粒搭配要适宜。沙的总表面积和孔隙率较小,所需水泥就较少,形成的水泥浆中间层就薄。山沙、河沙或海沙等天然沙均可以用于建造沼气池。要求沙的成分较纯、质地坚硬,不含有机杂质,泥土的含量不大于3%,云母的含量小于0.5%,不含柴草、塑料等有机杂质。沙中有机杂质含量高时,用清水冲洗达到要求后即可使用。

(3)**石子** 石子是配制混凝土的粗骨料。沼气池池壁厚度为40~50毫米,石子的粒径不能超过池壁厚度的1/2,所以宜采用粒径小于20毫米的石子。石子有碎石和卵石两种,碎石颗粒表面粗糙,有棱角,与水泥黏结力大,但是孔隙率较大,所需填充的砂浆较多。混凝土的和易性小,施工时难于浇灌及捣实,实际使用的碎石以接近立方体为最好,碎石的强度需大于混凝土强度的1.5倍。卵石,也称砾石,建池主要使用粒径10~20毫米,软弱颗粒含量小于10%、针片状颗粒含量小于15%的细卵石。建池的石子要求干净,用水冲洗后泥土杂质要小于2%,不含柴草、塑料等有机杂质,不宜使用风化碎石。

第二章 农村户用沼气工程

可以综合考虑当地的实际情况,就地取材。

(4)钢筋 一般建造户用沼气池时,天窗口顶盖、水压间盖板需要使用钢筋,其他构件可不使用钢筋。但是,在土质松紧不均或者地基承载力差的地方,建池时也需配置相应数量的钢筋。建沼气池常用直径为4～40毫米的HPB235级钢筋(Q235钢),使用时应清除油污、铁锈等,并矫直,末端的弯钩需按净空直径大于钢筋直径2.5倍的要求做成180°的圆弧。

(5)石灰 石灰是一种气硬性无机黏结材料,由石灰岩经过高温煅烧而成,主要用作砌筑砂浆和密封砂浆的改性材料,掺入水泥浆中可以增加其韧性、保水性及和易性。

在使用石灰前,一般都浇一定量的水使石灰熟化。在石灰熟化的过程中,加水较少时生成粉状的熟石灰,随着水量的增加,则成为石灰膏或者石灰浆。石灰熟化的速度与石灰的质量有关,过火的石灰表面存在玻璃质硬壳,不但熟化速度慢,且未熟化的颗粒也较多。将未完全熟化的石灰用于混凝土或砂浆中时,由于石灰还在继续熟化,体积会膨胀,从而导致混凝土出现裂缝或者局部脱落,严重影响建池的质量。欠火的石灰中存在石灰石硬块,熟化后常有较多渣子。因此,在使用的过程中,石灰应过筛,且充分熟化,消除石灰中没有熟化的颗粒。此外,石灰能溶解于水,而埋于地下的沼气池长期处于潮湿的环境中,因此石灰不能单独作为胶凝材料建造沼气池,作为改性材料也需控制其使用量。建池石灰中的碎屑和粉末通常要求不超过3%,煤渣、石屑等杂质不超过8%。

(6)砖 建沼气池主要用MU7.5以上的普通黏土砖,要求外形规则、尺寸均匀、各面平整、没有变形。通常使用的砖应无裂纹,断面组织均匀,敲击声脆,不能使用欠火砖、酥砖和螺纹砖。砖的标准尺寸为240毫米×115毫米×53毫米,建池时使用砖的几何尺寸可不受标准尺寸的限制。制作池盖用的砖要求棱角完整无缺,否则会影响砌筑质量。

(7) 密封材料 沼气池不漏水、不漏气是人工制造沼气厌氧密闭发酵装置的主要要求。而目前建造沼气池的结构层大部分使用混凝土、砖、石等建筑材料，这些材料都存在相当数量的毛细孔道，所以，必须在结构层上罩以密封层。

密封材料除需满足上述两大基本要求以外，还要求具有良好的耐腐蚀性、韧性、黏结性以及耐温、耐久、耐磨等性能。

目前，我国农村家用沼气池的密封材料主要是纯水泥浆、水泥砂浆以及建筑上用的密封材料等。

应该注意，上述密封材料均属于脆性材料，延伸性能较差。所以，我国有关部门正在研究性能更为良好且更经济的密封材料。

2. 沼气池的安全施工技术

(1) 确定池址 若要遵循沼气池、猪圈和厕所连通在一起的"三结合"原则，沼气池通常距离住宅不要太远，需选在土质坚实、地下水位低、向阳背风的地方，尽量远离树木，通常相距 10 米以上为好。

(2) 放线与挖坑

① 放线。按照设计好的尺寸，在选定的地点打好中心桩，并放线、定位，如图 2-2 所示。

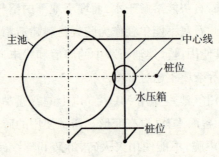

图 2-2 中心桩示意图

②挖坑。沼气池的深度、拱盖的矢高、池墙高、直径等,从表2-1都可以查找出来。在挖坑的同时,也要将进料口和出料口(即水压箱)挖好,其几何尺寸也可查阅表2-1。

(3)池基与池底的处理 挖好坑后,先将池基原土夯实,然后铺厚度为12厘米的卵石(或石子)作为垫层,使其相互压紧,最后灌注1∶5.5的砂浆,并浇筑C10混凝土,厚度为5厘米,要求压实、抹平、抹光。池基及池底要同时浇筑好,池底的厚度一般要求在5厘米以上。池基和池底如果在地下水位以下,或遇到淤泥、流沙等情况,都需进行抛石、垫层处理。池基的断面要比池墙宽3~4倍。

(4)高水位条件下的施工 在地下水位低的地方建池,池底不会受到地下水的顶托,因此可做成平板池底。池底平板应放在池墙的大放脚上,如图2-3所示,池墙基础(环形基础)的宽度不应小于40厘米(这是工程构造的最小尺寸);基础厚度不应小于25厘米,基础的宽度与厚度之比需在1∶(1.5~2)范围内。若池墙直接筑在底板之上,或者与底板成直角连接,池体重量传至池墙与底板连接处,易造成池体损坏。

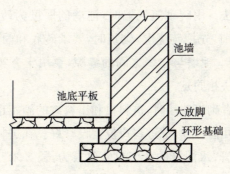

图2-3 池墙和池底的连接

(5)土质松软地方的施工 土质松软的地方,承受压力低,若不进行处理,池体会下沉或者陷落。因此必须对池底进行处理,处理的方法通常是采用石块夯实池底,使池底厚度为20厘米。

(6)池墙的施工

①混凝土浇筑法。通常用C10混凝土浇筑池墙,这样池墙的整体性好,建池质量有保证。浇筑方法是:用土壁做外模,用砖或3毫米的钢板做内模,内、外模的间距就是池墙的厚度,通常为4.5～5厘米。浇筑时,要分层将混凝土浇入模内,每层厚度为20厘米,要求一次性浇筑完,24小时后拆模,并洒水保养。为了方便脱模,可以在内模(砖或钢板)与混凝土接触面用细沙做隔离层。

②水泥预制板砌筑法。砌筑池墙的预制板通常由C10混凝土制成,板长1米、宽30厘米。这样池墙工艺简单,施工进度快。砌筑方法是:先把预制板用水浸湿,要做到里湿外干,砌筑时按一定的顺序,一圈一圈地安放砌筑,三面坐灰,砂浆要饱满、相互挤紧,上下两圈需平整、竖缝错开。预制板与土壁间的空隙要填土夯实。回填土好坏是预制板砌筑池墙成败的关键,砌筑一圈,需要回填一圈土,回填土的含水量要求在20％～25％,填土时应当在四周均匀回填,且要夯实。通常,每层填虚土15厘米,夯实后变成10厘米。

③砖砌筑法。用砖砌筑池墙时,池墙的厚度为砖的宽度,即12厘米。在砌筑前,先把砖浇湿,砌筑时,要求砖底和两头的砂浆相互挤紧、上下压实。池墙与土壁之间的缝隙,要填土夯实(技术要求与预制板砌筑方法相同)。

在浇筑或者砌筑池墙时,进料口和出料口的施工也要同时完成。要依据设计的几何尺寸,把进料口位置设计好。在进料口下端,安装一个成品水泥管,水泥管的几何尺寸要求为:长2米、内径20厘米、壁厚3厘米。装管的斜度要与水平方向成60°,如图2-4所示。水泥管的上端与进料口相衔接。

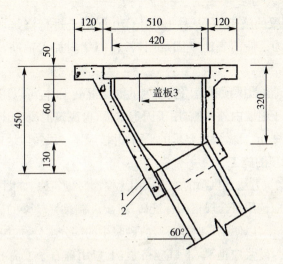

1.浇筑池壁厚45毫米；2.内壁抹刷厚度5毫米

图2-4　8米³沼气池进料口剖面图（单位：毫米）

目前，新建的沼气池均为"三结合"沼气池，其进料口与猪圈、厕所连接在一起。在池墙施工时，同样要把出料口的位置设计好。在出料口的下端，安装一个成品水泥管，其尺寸与进料口相同。安装的斜度与水平方向成50°。水泥管的上端与出料口（即水压箱）相衔接。出料口用C10混凝土现场浇筑，它的几何尺寸按前面的表2-1"8米³沼气池几何尺寸"制作。出料口的剖面图如图2-5所示。

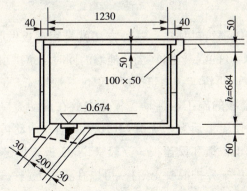

图2-5　8米³沼气池出料口剖面图（单位：毫米）

(7)圈梁的施工 圈梁一般用C10混凝土进行浇筑,其厚度为12厘米。为了使沼气池坚固耐用,常在圈梁内加入钢筋,同混凝土一起浇筑。

在浇筑池盖拱顶和池墙交接处的圈梁混凝土时,可以用两块弧形板,分别置于池墙内外两侧,用于固定木板,再浇筑混凝土。圈梁的表面要拍紧、抹光,且做成所要求的平面,并按顺序一段一段地进行。

(8)拱顶的施工

①砖砌筑方法。拱顶的施工采用无模漂砖砌筑法,如图2-6所示。在砌筑前,应选用符合规格的标准砖,且要配制黏性较强的砌筑砂浆。砖要内湿外干,以便砌筑时能够吸收砂浆中的部分水分,加快砂浆的凝结。砌筑时,砂浆应饱满,下口应挤紧,上口用扁石子或者石片嵌着。安放砖时要平稳。为了防止未砌满一圈时砖块脱落,可以采用吊重垂直接扶或用木棒靠扶的方法,如图2-6(a)或图2-6(b)所示。

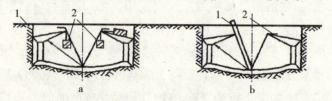

(a) 1.木桩;2.重物 (b)1.木棒;2.曲率半径绳

图2-6 无模漂砖砌筑法

②现场整体浇筑拱顶法。这种方法就是用钢板做胎模,安好钢板胎模后,用C10的混凝土,在浇筑池墙的同时浇筑拱顶。当混凝土达到50%强度时再拆模。浇筑拱顶的厚度一般为4.5~7厘米。

(9)活动盖板的施工 活动盖板是安放在活动盖口上的盖。为了便于安放并使盖上后严密无缝,其尺寸必须与活动盖口相同。活动盖板可分为正盖板和反盖板。一般来说,活板盖板是用C10混凝土预制而成。为了养护混凝土盖板,可以在盖板上制一个蓄水圈,如图2-7所示。蓄水圈中应当保持常年有水,防止盖板被暴晒。

在预制活动盖板时,应当在中间安装一个内径为 8 毫米的导气管(钢管或者铜管),其长度要求在活动盖板下面突出 1 厘米,上面突出 10~15 厘米。

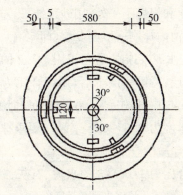

图 2-7　8 米³ 沼气池蓄水圈平面图(单位:毫米)

(10)活动盖口的施工　活动盖口位于拱顶中部。在用 C10 混凝土现场浇筑拱顶的同时,按设计尺寸,将活动盖口浇筑好。浇筑的厚度为 10~15 厘米。通常,活动盖口长 60 厘米、宽 50 厘米,主要便于人们在维修沼气池和大换料时进出盖口。活动盖口的形状一般为椭圆形,分为正盖口与反盖口两种,目前采用较多的是反盖口,如图 2-8 所示。

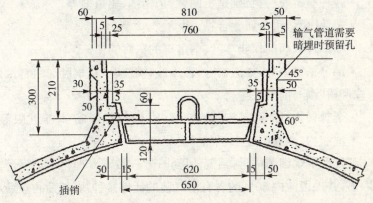

图 2-8　8m³ 沼气池活动盖口剖面图(单位:毫米)

(11)池内抹刷

①池内表层的基础处理。将沼气池内壁需抹刷的部位清扫干净,并往上面洒水,使内壁表面清洁、湿润、平整。把砌筑(或现场浇筑)时所留下的缝隙和损坏不平处,用砂浆抹平。

②分层抹刷。池内抹刷一般刷5层(即5遍)。

第一层:先用纯水泥浆抹刷,也可以用1:0.2的水泥、石灰浆抹刷。

第二层和第三层:待第一层干后,用配合比为1:0.2:3的水泥、石灰、砂浆抹刷。第二层抹刷完后,在尚湿润(即七成干)时,就接着抹刷第三层,每层厚度为0.3~0.5毫米。要求抹压结实,不要求表面光滑。

第四层:用配合比为1:0.4:3的水泥、石灰、砂浆抹刷,厚度为5毫米左右,要求抹压结实、平整光滑、不见砂粒。

第五层:用纯水泥浆刷2~3遍;也可用掺有水玻璃或者卤水等材料的水泥浆刷2~3遍。

③沼气池发酵过程中应注意的安全问题。

在沼气池内,当甲烷细菌接触到有害物质时就会中毒,轻者停止繁殖,重者死亡,导致沼气池停止产气。所以,应避免向沼气池内投入下列有害物质:

• 各种有毒农药,特别是抗菌素、杀菌剂、驱虫剂等。

• 工业废水、重金属化合物、盐类。

• 喷洒过农药的作物茎叶、消过毒的畜禽粪便。

• 部分植物茎叶,如泡桐叶、苦瓜藤、桃树叶、梧桐叶、核桃叶、烟梗、槐柳树叶、马前子果等。

• 辛辣食物,如葱、辣椒、蒜、韭菜、萝卜茎叶、断肠草、猫儿眼等。

• 洗衣粉、洗衣服废水、柴油等。

若发现甲烷细菌中毒,沼气池停止产气时,需立即将池内发酵料液取出,并保留池内20%的含有沼气菌的活性接种物,然后再投新料就能正常产气。

④日常安全管理。

• 沼气池进、出料口一定要加盖,以防禽畜掉进池内,造成意外伤亡。

• 每座沼气池都需安装压力表,且要经常检查压力表水柱变化。

• 当沼气池产气旺盛时,池内压力过大,需立即用气、放气,以防气体冲破气箱、冲开池盖、造成事故;若池盖已冲开,需立即熄灭附近烟火,以防引起火灾。

• 严禁在沼气池出料口或者导气管口点火,以防造成火灾或者回火,使池内气体猛烈膨胀而爆炸。

• 常检查输气管道、开关、接头是否漏气,若漏气应立即更换或修理。不用气时,马上关闭开关。

• 在厨房内若发现沼气泄漏有臭味,需立即打开门窗、切断气源,且禁止使用明火,禁止抽烟。人员要加快撤离厨房,以免中毒。待室内无臭味时,再对漏气的部位进行检修。

• 管道遇冰冻阻塞时,需用热水融化,严禁用火烤。

⑤安全检修。

• 若维修人员需要进池,要先把活动盖和进、出料口盖打开1~2天,去除池内的沼气,并向池内鼓风,以排除残存气体。

• 向池内强制通风后,先用兔、鸡、狗、猫等小动物试验,若无异常现象发生,在池外人员的监护下,维修人员方可入池。

• 入池人员必须系安全带,若有头晕、发闷等感觉,应立即撤出抢救。

• 入池操作可用手电筒照明,切忌使用火柴、油灯、打火机等明火,以防气体爆炸。

3.修建沼气池应注意的安全问题

①开采、运输砖石材料和安砌池壁时,需按安全操作规程施工,以防砖石滑落、池壁倒塌。安砌圆形片石结构池时,要用临时支撑撑

住石料。用砖头、卵石砌的拱架,在拆除时,要防止拱架突然塌落。拱形结构沼气池,拱的基脚一定要牢固。在石骨子土、连山石上建池,要认真选好池基,严防垮塌事故的发生。池上与池下同时施工,要防止砖、石以及工具掉落伤人。运输石料的绳索和抬杆必须坚实牢固。

②防止塌方。挖池坑时,要依照土质情况,使池壁具有适当的坡度,严禁挖成上凸下凹的"洼岩洞"。若土质不好(如湿陷性黄土、膨胀土、流沙土等),要采取相应的加固措施。雨季施工要在池坑的周围挖好排水沟,以避免雨水淹垮池壁。

③严禁用焦煤、木炭烘烤池壁,以防发生缺氧和煤气中毒事故。

④用电灯在沼气池内照明施工时,要防止人员触电、电器漏电。

⑤密封、粉刷前要仔细检查池壁、池顶,若有易掉落的石块等,应首先处理。

⑥工作台架要搭稳固,台架上东西不能放得过多,以免掉物伤人。

4.沼气池出料与维修应注意的安全问题

①下池出料、维修一定要做好安全防护措施。打开活动顶盖,敞开几个小时,先除掉浮渣和部分料液,使进、出料口,活动盖口三口均通风,以排除池内残留的沼气。下池时,为了防止意外发生,要求系好安全带,且池外有人照看,保证发生情况可以及时处理。若在池内工作时感到头昏、胸闷,要马上到池外休息。进入停用多年的沼气池出料要特别注意,因为在池内粪壳和沉渣下面还积存着一部分沼气,若轻率下池,不按安全规范操作,很有可能发生事故。

②对于无拱盖的沼气池,若需进入池内检修、换料或者清理渣肥时,要拔下沼气池口的输气管,然后从水压间舀出料液。当需要清理池底层的沼渣时,可在水压间底部用一个长柄粪勺将池底沼渣钩出。当需要进池内检修时,必须把料全部清出来后,再敞口1~2天,或者从出料口通道往池内鼓风后,方可入池。下池前可将鸭、鸡等小动物

第二章 农村户用沼气工程

投入池内,若动物活动正常,说明池内有害气体已排除,可以入池作业,其他安全措施同上。要大力推广"沼气出肥器",这样就可以做到人不入池,也可方便、安全地进行作业。

③揭开活动顶盖时,不要在沼气池的周围点火吸烟。进池出料、维修只能用手电或者电灯照明,不能用蜡烛、油灯等明火,不能在池内抽烟。

④禁止向池内丢明火烧余气,以防失火、烧伤或者引起沼气池炸裂。

六、农村沼气工程质量检查

1.沼气池的质量检查

(1)沼气池外部检查

①把输气管放到盛水的容器中,打开输气管道的开关、阀门,从一端向里打气,观察输气管道、开关、阀门、接头等处是否有漏水现象。

②在输气管道和导气管上涂抹肥皂水,打气后,看是否有鼓起的气泡。

③导气管和池盖的接触部位、活动盖坐缝处也是容易漏气的地方,要重点检查。检查方法同上。

(2)沼气池内部检查 进入池内观察池墙、池底、池盖等部位是否有裂缝、小孔。同时,用手指或小木棒叩击池内各处,若有空响则说明粉刷的水泥砂浆翘壳。进料管、出料间与发酵间连接处,池底与池墙的连接处,池墙与池盖的连接处也容易产生裂缝,需要仔细检查。

(3)沼气池试压检查

①水试压法。向池内注水,水面至进、出料管封口线水位时可以停止加水,待池体湿透后标记水位线,观察12小时。若水位没有发生明显变化,表明发酵间的进、出料管水位线以下不漏水,才可进行试压。试压前,安装好活动盖,用水和泥密封好,在沼气出气管上接

上气压表,然后继续向池内加水,当气压表水柱差达到 8 千帕(800 毫米水柱)时,停止加水,记录水位的高度。稳压观察 24 小时,若气压表水柱差下降大于 240 帕(24 毫米水柱),说明沼气池密封不合格。沼气池水试压法如图 2-9 所示。

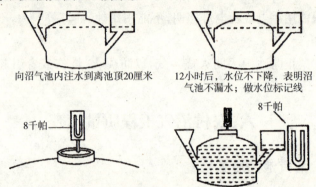

图 2-9　沼气池水试压法示意图

②气试压法。第一步与水试压法相同。在确定池子不漏水之后,将进、出料管口以及活动盖严格密封,装上气压表,向池内充气。当气压表压力升到 8 千帕时,停止充气,关好开关。稳压观察 24 小时,若气压表水柱差下降在 240 帕以内,说明沼气池符合抗渗性能要求。沼气池气试压法如图 2-10 所示。

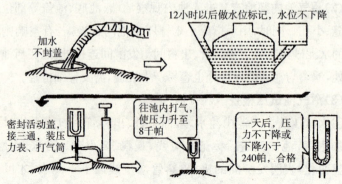

图 2-10　沼气池气试压法示意图

2. 沼气池的渗漏检查

(1)沼气池漏水、漏气的判断 在试水、试压时,当压力上升到一定程度后,若先快后慢地下降,则表示池体漏水;若以较均匀的速度下降则表示漏气。在平时不用气时,若发现压力不但不会上升,反而会出现下降的情况,甚至出现负压现象,说明沼气池漏水。

在沼气池运行过程中,有时会出现压力不上升、压力上升缓慢或者上升到一定程度时不再变化的现象。出现这些现象有两个原因:发酵不好,产气慢;池子漏水、漏气。

出现以上现象时,可以采用以下的方法确定是哪种原因。

①使用U形水柱沼气压力表测量压力。检漏前,观察1小时,记录压力表水柱的上升高度。接着,在沼气池管道排冷凝水装置的阀门上端套一根塑料软管,用电动充气泵或者自行车打气筒向池内充气。充气时,为了防止气压突然过大,使U形水柱沼气压力表内的水被冲出,可将压力表与大气连通的管子临时关闭。当池压达到设计压力时,停止充气。开启压力表与大气连通的管子,等压力表水柱稳定后,记录压力表水柱高度。观察1小时,如果压力表水柱上升的高度与预先观察的高度相同,就说明沼气池的密封性能良好,则产生问题的主要原因可能是发酵不正常,导致产气少或者不产气。

②当用电动充气泵或者自行车打气筒向沼气池内充气时,若压力表水柱始终不上升,且查明输气管道不漏气时,则表明沼气池内有较严重的渗漏;若沼气压力表水柱稍有上升,但又不能达到设计压力时,表明沼气池漏水、漏气,需要清除料液后全面检查。

(2)沼气池漏水、漏气的常见部位与原因

①混凝土配料不合格、拌和不均匀,池墙没有筑牢,都会造成池墙倾斜或混凝土不密实、有孔洞或有裂缝。

②池盖与池墙的交接处灰浆不饱满、黏结不牢,从而造成漏气。

③石料接头处水泥砂浆与石料黏结不牢。出现这种现象,主要

原因是勾缝时砂浆不饱满,抹压不紧。

④池子安砌好后,池身受到较大的振动,导致接缝处水泥砂浆裂口或者脱落。

⑤池子建好后,缺乏必要的养护,大出料后没有及时进水、进料,经暴晒、霜冻而产生裂缝。

⑥池墙周围回填土未夯紧填实,试压或者产气后,由于池子内外压力不平衡,引起石料移位。

⑦池墙、池盖粉刷质量差,毛细孔封闭不好,或者各层间黏合不牢造成翘壳。

⑧混凝土结构的池墙,常由于混凝土的配合比和含水量不当,从而出现混凝土干后强烈收缩、出现裂缝的现象;沼气池建成后,混凝土未到达规定的养护期就急于加料,导致混凝土强度不够,从而造成裂缝。

⑨导气管与池盖交接处水泥砂浆凝固不牢,或者受到较大的振动而造成漏气。

⑩沼气池试水、试压或者大量进、出料时,由于速度太快,造成正、负压过大,导致池墙出现裂缝甚至池子被胀坏。

(3)沼气池漏水检查方法 打开活动盖,向池内装水至活动盖下口,待池壁吸足水,水位稳定后,画出水位线,静置一昼夜后,如果水位没有下降,说明无漏水;如果下降刻度在3‰以内,说明在允许值范围内;如果下降很多,到一定位置,则应根据这一位置检查其上方位置,是否有裂缝或空隙。对于不明显的渗漏部位,可在其表面均匀地撒一次干水泥粉,出现湿点或湿线的地方,便是漏水孔或漏水缝。

(4)沼气池漏气检查方法 将水装至距活动盖口下缘70~80厘米处,盖上活动盖井并密封好,然后将导气管接上沼气压力表,继续由进料口或出料口向池内灌水。由于水位上升,发酵间储气部分容积减小,压力升高,直至压力表指针在10千帕(1000毫米水柱)处停止加水。同时,在出料间液面上做好标记,经24小时后,观察压力表读数或出料间液面,若不下降或下降值在3%以内,则为合格;若下降过多到一定位置,需检查漏气部位,进行修补。

(5)**修补方法** 查出沼气池漏水、漏气部位后,应做好标记,根据不同情况采取不同的修补方法。

①裂缝。将裂缝凿成V形槽,周围打毛,再用1:1的水泥砂浆填塞V形槽,并压实抹光,然后用纯水泥浆涂刷2～3遍。

②抹灰层剥落或翘壳。将其全部铲除,冲洗干净,再用1:1的高标号水泥砂浆交替粉刷3～4遍,然后用纯水泥浆涂刷2～3遍。

③导气管与池盖衔接处漏气。将其周围部分凿开,拔出导气管,重新灌注高标号水泥砂浆或细石混凝土,并局部加厚,以确保导气管的固定。

④池体下沉和池壁四周交接处有裂缝。将裂缝凿成一条2厘米宽、3厘米深的围边槽,然后在整个池底和围边槽内同时浇灌一层4～5厘米厚的C18(200号)细石混凝土,使之连接成一个整体。

⑤原因不明的轻微漏气。将储气间洗刷干净,然后用高标号水泥浆涂刷2～3遍。

第三章
沼气输配系统的安装与使用

一、沼气输配系统的构成

沼气输配系统由三大部分组成,见图3-1。

(1)**输气管路** 包括导气管、输气管、开关、管接头等部件。

(2)**管路附件** 主要有气水分离器(或集水器)、调控净化器、脱硫器、压力表等。

(3)**沼气用具** 沼气灶、沼气灯、沼气饭煲、沼气热水器等设备。

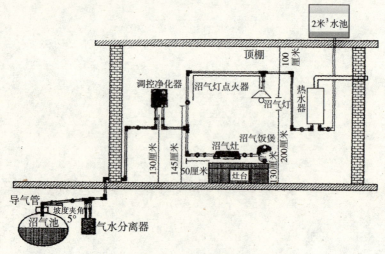

图 3-1 沼气输配系统的基本构成示意图

二、输气管路的安装与使用

1. 输气管路的构成

输气管路保证沼气池生产的沼气能顺利输送到沼气用具处,主要由导气管、输气管、开关、管接头等组成,其示意图见图 3-2,其实物图见图 3-3。

图 3-2 输气管路示意图

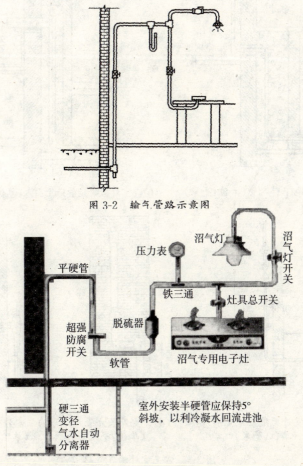

图 3-3 输气管路实物图

2.输气管路的设计原则

(1)室外输气管路的设计原则 室外管路应采用地埋或高架敷设。南方地区管路埋设深度不得小于0.2米,北方地区管路埋设深度应在冻土层下0.1米,沿房舍高架敷设的管路要配套保暖措施。常见室外输气管路如图3-4所示。

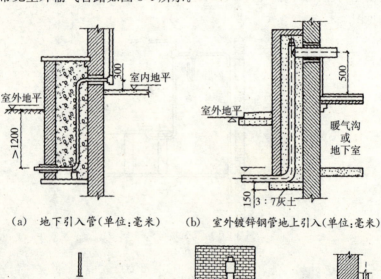

(a) 地下引入管(单位:毫米)　　(b) 室外镀锌钢管地上引入(单位:毫米)

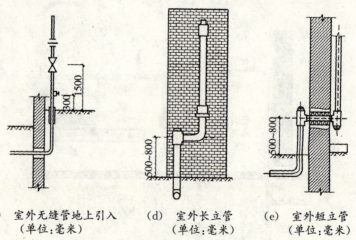

(c) 室外无缝管地上引入　　(d) 室外长立管　　(e) 室外短立管
(单位:毫米)　　　　　　(单位:毫米)　　　(单位:毫米)

图3-4 常见室外输气管路

第三章 沼气输配系统的安装与使用

此外,沼气管路与其他管道要保持一定的水平净距,具体数值见表 3-1。

表 3-1 沼气管路与其他管道的水平净距(米)

建筑物基础	热力管给水管排水管	电力电缆	通信电缆		电杆基础		通信照明电缆
			直埋	在导管内	≤35(千伏)	>35(千伏)	
0.7	1.0	1.0	1.0	1.0	1.0	5.0	1.0

(2)室内输气管路的设计原则 室内管路为硬管明敷。管路应沿墙或梁按明管方式敷设,不得腾空悬挂,特殊情况需要悬挂应作保护处理。禁止敷设在高温和易受外力冲击的地方。

管路内径不小于 12 毫米,管路长度应控制在 25 米以内。特殊情况达到 45 米以上的距离时,需要采用外径 20 毫米的管材。

对用户引入管的一般规定:

①用户引入管不得敷设在卧室、卫生间或有易燃、易爆品的仓库、配电间、变电室、烟道、垃圾道和水池等地方。

②引入管的最小公称直径应不小于 20 毫米。

③北方地区,阀门一般设在厨房或楼梯间,重要用户还应在室外另设阀门。阀门应选用气密性好的旋塞。

④引入管需穿过用户建筑物基础、隔墙或暖气沟时,应设置在套管内,套管内的管段不应有接头,套管与引入管之间用沥青、油麻填塞,并用热沥青封口。一般情况下,套管公称直径应比引入管的公称直径大两号。

⑤室外地上引入管顶端应设置丝堵,地下引入管在室内地面上应设置清扫口,便于通堵。

⑥输送燃气引入管的埋深应在当地冰冻线以下,若保证不了这一埋深,应采取保温措施。

3.导气管

(1)导气管的作用 导气管是指安装在沼气池顶部或者活动盖

上面的出气短管,见图3-5,其作用是将沼气池的沼气引出,并引入至输气管。

(2)导气管内径 导气管的内径最好不小于8毫米,而且不要用缩口的管子。

(3)导气管材料 沼气的成分中含有腐蚀性的硫化氢,选择导气管时要考虑这一点,因此要选用管壁厚的、铁制的导气管或硬塑料管。

图3-5 导气管

(4)导气管的安装(以硬塑料管为例) 做活动盖时,在盖子上留一个上口直径为6厘米、下口直径为4厘米的锥孔;将硬塑料管套上一个带孔的圆盘形铁片或塑料片(直径约4.2厘米),再放入锥孔中;最后用黄泥密封锥孔。安装时要将黄泥拌成砖瓦泥样,填实、塞紧锥孔,但不能压破塑料管。此法还有一好处是:破除池内一般结壳时,不需打开活动盖,只要取出塑料管的泥塞破壳即可。导气管的安装位置如图3-6所示。

(5)如何保证导气管不堵塞

①安装导气管时,先将管外的油污、锈蚀擦掉,以免影响导气管与混凝土接合;再将管内疏通,防止异物堵塞。

②浇筑池盖,预埋导气管时,用纸卷成锥状小筒,预先将两端管口塞住,留出一些在管外,以便使用时拉出所塞之纸,以保证管道通畅。

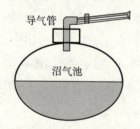

图3-6 导气管安装位置图

③将一根略长于导气管的粗铁丝,一头扭弯成钩,施工时从导气管口伸出盖外的一端通入,挂在管沿之上;另一头与盖底和管口持平。浇筑完毕,将铁丝轻轻转几下,也可保证管内畅通无阻。

4. 输气管

(1) 输气管的材料 输气管一般采用软塑料管和硬塑料管两种，少数也采用钢管、镀锌管。硬塑料输气管一般为聚氯乙烯管和聚乙烯(PVC)管。塑料管在常温下的物理机械性能见表 3-2。

表 3-2 塑料管在常温下的物理机械性能

性能	硬聚乙烯	聚乙烯	聚丙烯
密度(克/厘米)	1.4~1.45	0.95	0.9~0.91
抗拉强度(兆帕)	50~56	10	29.4~38.2
抗弯强度(兆帕)	85	20~60	41~55
抗压强度(兆帕)	65	50	38~55
断裂延伸率(%)	40~80	200	200~700
拉伸弹性模量(兆帕)	0.23~0.27	0.013	0.14
冲击(缺口)强度(焦/厘米^2)	0.9~43	>4.9	2.6~11.7
热膨胀系数(1/℃)	7×10^{-5}	18×10^{-5}	10×10^{-5}
软化点(℃)	75~80	60	120
焊接温度(℃)	170~180	120~130	240~280
燃烧性	自行灭火	缓燃	极易燃烧

(2) 输气管内径的选择 输气管的内径应根据沼气池池型、沼气池到灶具的距离、沼气量的大小以及允许的管道压力损耗来确定，具体数值见表 3-3。

表 3-3 输气管内径值

池型	管路	管长(米)	管径(毫米) 软管	管径(毫米) 硬管
水压式	池→1个灶	10~20	8	10
	池→2个灶	10~20	12	15
浮罩式	罩→外墙入口	20	14	15
	外墙入口→罩	6	14	15
半塑式	池→灶	15	16	15
气袋储气式	池→气袋	不限	8~12	—
	气袋→灶	3	12	—

(3) 软塑料输气管的安装

①软塑料管采用沿墙敷设或埋地敷设的安装方法时,要保证管道有 0.5%~1% 的坡度,且坡倾向集水器或沼气池。埋地敷设时应加硬质套管(钢管、硬塑料管、竹管等)或用砖砌成沟槽,防止软塑料管被压扁。

②软塑料管采用架空敷设的安装方法时,穿过庭院,其高度应大于 2.5 米。最好拉紧一根粗铁丝,两头固定在墙壁或其他支撑物上,每隔 0.5 米将塑料管用钩钉或塑料绳与粗铁丝箍紧,以免塑料管下垂成凹形而积水。

③管道转角处,应呈大于 90°圆弧形的拐弯或接弯头,拐弯不能太急,不能打死弯折瘪管道。见图 3-7。

注:输气管转角大于 90°,输气顺畅。

注:输气管转角小于 90°,输气管折瘪,输气不畅或造成堵塞。

图 3-7 软塑料输气管的转角

④管子走向要合理。长度越短越好,多余的管子要剪下来,不能盘成圈状挂在钉子上,否则会增加管道压力损失,存在安全隐患。

(4) 硬塑料输气管的安装

①硬塑料输气管一般采用室外墙地下挖沟敷设、室内沿墙敷设的安装方法。室外管道埋深应大于 400 毫米,寒冷地区应埋在冻土层以下,最好用砖砌成沟槽保护;室内管道沿墙敷设,用管卡固定在墙壁上,管卡间距为 500 毫米。室内管道安装的固定方式有 2 种,分别见图 3-8、3-9。

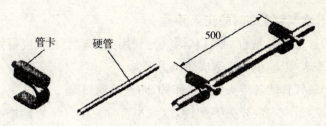

图 3-8　室内管道安装固定方式Ⅰ（单位：毫米）

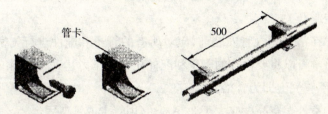

图 3-9　室内管道安装固定方式Ⅱ（单位：毫米）

②管道转角处，应采用与管径相匹配的弯头、直接和三通等管路附件连接。管路附件见图 3-10。

图 3-10　管路附件

③硬塑料管道一般采用承插式胶粘连接。在涂胶黏剂前，检查管子和管件的质量及承插配合。如插入困难，可先在开水中胀大承口，不得使用锉刀或砂纸加工承接表面或用明火烘烤。涂敷胶黏剂的表面必须清洁、干燥，否则会影响黏结质量。

④涂胶黏剂。一般用漆刷或毛笔顺次均匀涂抹，先涂管件承口内壁，后涂插口外表。涂层应薄而均匀，勿留空隙，一经涂胶，立即承插连接。注意插口必须对正插入承口，防止歪斜而致使局部胶黏剂被刮掉，引起通道漏气。插入时须按要求操作，切忌转动插入。插入 10 分钟后，才许移动。

(5)输气管安装时的注意事项

①管道应尽量直和短,从沼气池到用具的管子总长度最好不要超过25米,以减小管道造成的压力损失。

②输气管的各接头要连接牢固,防止松动和漏气。

③尽量少安装开关等配件,以减小管件对沼气压力的影响。一般情况下,在农村户用沼气输气系统中可以安装一个总开关和各用具的控制开关。

④在沼气输气管安装前,应对所有的管子和配件进行气密性检查。通常可以将要检查的管子和配件充气至压力达到10千帕,放入水中,不冒气泡即为合格。

⑤室外架空高度应大于2.5米,并用管卡或管架固定。

⑥埋地管应埋在冻土层下,最小深度应为0.4米。沼气管道穿越重要道路或桥梁时,应加装套管保护,防止沼气泄漏。软塑料管埋地敷设时,应加钢管、硬塑料管、竹管等硬质套管或用砖砌成沟槽,防止压扁、压坏输气管。

5.管接头

沼气管接头包括直接、三通、弯头、异径接头和管卡等,如图3-11所示。一般为硬塑料制品,管接头都已经标准化,使用时根据管拼直接选用。所有管接头必须管内畅通、无毛刺、具有一定的机械强度。对于软塑料或半硬塑料管,选用的管接头端部都有为防止塑料管松动或脱落的密封节,并且具有一定的锥度。硬塑料管接头采用承插式胶粘连,内径与管径相同。对于钢管,根据管道内径直接选用标准管件即可。异径接头要求与连接

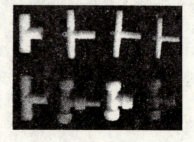

图3-11 管接头

部位的管径一致,以减小间隙,防止漏气。

6. 开关

开关是控制和启闭沼气的关键配件,见图3-12。沼气管道上的开关多采用球阀、旋塞阀、逆止阀和闸板阀等。沼气开关应耐磨、耐磨蚀、光滑,有一定的机械强度。其质量要求是:气管性好,通道孔径不小于6毫米、转动灵活,光洁度好,安装方便,两端接头要能适应多种管径的连接。农村户用沼气池常用铜开关、铝开关。铜开关质量好、经久耐用,应首先选用。输气管中的开关数量应尽量少,能维持和满足运行的最低要求即可。

图3-12 开关

7. 输气管路气密性试验

输气管安装完毕后需进行气密性试验,确认不漏气后方可进行发酵启动。检验方法是:首先将沼气池总开关关上,再将最远端连接沼气灶具的输气软管拔开,然后向输气管内打气。当压力表读数上升到8千帕时,迅速关闭打气端的开关,观察压力表读数是否下降,若压力表读数在15分钟内不下降,表明输气管不漏气。

如果漏气,需要再向输气管中打气,使压力表读数上升到8千帕。然后用小毛刷蘸上洗衣粉水或肥皂水,往管道上刷试,重点是输气管的接口处。有气泡冒出的地方就是管道漏气的地方。

8. 输气管路的故障诊断

故障1 管路堵塞

故障现象:输气管路某一开关开启后,压力表读数下降幅度很大,甚至降到零,开关关上后压力表又回到原位。

故障分析与排除:主要是管道被折、受压,或是有异物堵塞。对管道进行分段检查,根据被堵情况进行处理。

(1)水堵 由冷凝水形成,时间一长,冷凝水不断增多,并滞留在管道的低处,影响气流的畅通。解决的办法是:管道敷设时至少要有1‰的坡度,并在上、下坡处安装气水分离装置,使冷凝水能够及时排除。

(2)泥堵 沼气在使用过程中会随气流带入少量的淤泥,并容易在接头处淤积,时间一长,导致接头处堵塞,气流难以通过,表现为火力不强,甚至不能燃烧。遇到这种情况时,要及时清除接头处淤泥,特别是沼气池气流出口接头处的淤泥,防止沼气池气压过大,池体破裂。

(3)虫堵 个别虫蛆从沼气池爬进管道,造成管道堵塞,使气流不够畅通,火力不强,去除虫蛆就能解决问题。

(4)锈堵 锈堵是由铁质导管生锈引起的。沼气含有硫化氢等腐蚀性气体,时间一长,铁质导管易被腐蚀生锈,造成管道堵塞。解决的办法是:去除铁锈,更换铁质导管并安装脱硫器。

(5)自堵 塑料软管使用时间过长,易老化变形,造成管道被压瘪、折叠,气流不能顺畅通过管道,使沼气燃烧不稳定。解决的办法是:更换管道,采用 PVC 硬管。

故障2 管路漏气

故障现象:管路一端堵住,在另一端吹气后迅速堵上,压力表读数下降。输气管路与沼气池连接后,关闭所有开关,压力表读数呈下降趋势。

故障分析:软管可用分段检查法来确定漏气处。从导气管开始,将输气管分段卡紧,卡紧一段观察一次压力表,若压力下降说明漏气处还在前面,当压力不再下降时,漏气处就在现卡紧处与上一次卡紧处之间。硬管用肥皂水来确定漏气处。方法是:逐段对硬管接头处涂肥皂水,冒泡的地方就是漏气处。

故障排除:将漏气处剪去,用直通重新连接好,或拆除漏气段,更换新管。

正确连接管道的方法如下:

(1)连接管道 采用热熔承插。将输气管的一头伸进80℃以上的温水中,浸泡3~5分钟后取出,趁其受热变软之际,迅速将连接物插入。冷却后,越箍越紧,不致松动、漏气。若连接物管径较小,插入后尚有松动感,则应在连接处用胶布缠紧,或在管口内和连接物外沿涂一层漆,不宜用细铁丝捆扎,以免日久结扎处老化、变形、破损。

(2)发现导气管松动漏气 先将导气管周围的混凝土凿开一圈,深度约为盖厚或壁厚的1/3(若不更换导气管,千万不要凿穿),彻底清除泥渣末屑,并用清水将凿开处浇润预湿,再用1:1的水泥砂浆填充加固即可。预湿,这一环节,往往是修补成败的关键。若不预湿,新糊上去的水泥砂浆,其水分会被迅速吸干而互不相黏,甚至脱落。在天气炎热、气候干燥时作业,更要注意这一点。

故障3 管道积水

故障现象:

①轻者打开开关,压力表的水柱液面上下波动,对用气尚无大碍。

②重者伴有"咕咕"声,火力时强时弱,灯光时明时暗。

③危者除具有上述症状外,还有火苗微弱甚至无法点燃的情况,此时表明积水已严重阻碍输气,使气压达不到灶前所需压力。

故障分析:产生该现象的原因是沼气从池子进入管道后,因池内外温差影响,沼气中所携水蒸气逐步冷凝成水并附着于管壁,形成积聚的冷凝水。

故障排除:常规处理方法是将输气管从压力表连接处直至导气管一端取下,并将其牵直。人站在高处,用打气筒向管内打气,通过气流将冷凝水全部排除,再重新接通,即可使输气恢复正常。

故障4 室外管路防护不当

故障现象:室外输气管埋于地下输气时,刚开始可能输气正常,但时间一长,虽沼气池产气正常,但输气越来越弱,最后水压间水位上升,甚至料液外溢,沼气无法输出。

故障分析:

①管道埋地较浅,管外未采取保护措施,土质日久下沉,将管压扁,使其丧失输气功能。

②输气管与导气管交接处,埋地后转弯急、角度小。室外进入室内时,出土处亦呈锐角状态,极易粘连而使沼气无法通过。

故障排除:

①管道埋于地下,应有一定深度,一般应敷设在冰冻线以下。软质塑料管最小埋设深度应为0.3米,硬质管道应为0.6米。

②为防止土质下沉或人畜践踏,将管压扁,软管外应加以保护措施。最好是用砖砌槽,经久保险,但花工较多,费用较大;也可将竹管关节打通,套进管子,埋于地下。

③凡管道需弯折处,一定要取大角度,其弯曲半径应不小于10厘米,以免折扁、粘连。

三、管路附件的安装与使用

1.气水分离器(集水器)的安装与使用

(1)气水分离器的功用 气水分离器又称集水器或凝水器,其功能是清除和收集输气管路中的积水。

(2)输气管路积水原因 沼气中含有一定量的饱和水蒸气,通常情况下,池温越高,沼气中的水蒸气含量越高,这些水蒸气在输气管中冷却后变成水。

(3)沼气输出管路中的积水对燃烧沼气的影响

①积累在输气管中的积水会堵塞管路,使沼气输送受阻。

②在用气时,压力表指示的压力波动较大;沼气灶等用具燃烧不稳定,火焰忽大忽小、忽明忽暗。

③在寒冷地区,常常因为积水结冰,导致沼气输送不畅或无法输送,严重影响用气。

(4)气水分离器的安装位置 气水分离器应安装在输气管的最低位置,以收集所有输气管路中的积水。所以,气水分离器通常安装在沼气池沼气出口附近,如图3-13所示。

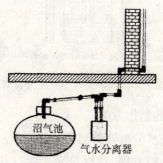

图 3-13 气水分离器安装图

(5)气水分离器的类型 气水分离器有手动排水型和自动排水型两种。

①手动排水型气水分离器。手动排水型气水分离器采用T形凝水管收集积水,当积水超过规定刻度时,可手动打开阀门排水,如图3-14所示。

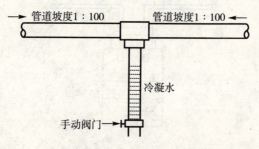

图 3-14 手动排水型气水分离器

②自动排水型气水分离器。自动排水型气水分离器是将T形凝水管插入凝水瓶中,瓶口敞开,当凝水瓶中水满后,会自动从瓶口溢出,如图3-15所示。

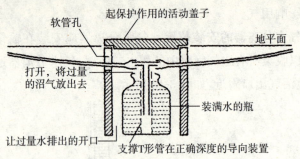

图3-15 自动排水型气水分离器

(6)气水分离器的制作方法

①手动排水型气水分离器的制作方法。取一个广口玻璃瓶和一个与瓶口大小相配的橡胶塞,在橡胶塞上用打孔器(或电钻等)打两个直径为8毫米(或与输气管内径一致)的孔,两个孔内都插入外径与孔径一致的玻璃管,用橡胶塞塞紧玻璃瓶,两根玻璃管分别与输气管连接。当瓶中的积水接近玻璃管下端时,关闭集水器前的总开关,打开瓶塞,将水倒出,重新塞紧后使用。手动排水型气水分离器如图3-16所示。

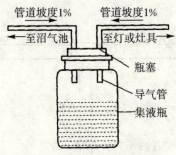

图3-16 手动排水型气水分离器

②自动排水型气水分离器的制作方法。选用的材料和制作方法同手动排水型气水分离器,只是需要在橡胶塞上打3个孔。第三个孔上安装一根与大气相通的玻璃管作为溢流管,其顶端与瓶中液面的高度差应小于或等于沼气池额定工作压强下的水柱高度,如沼气池的额定工作压强为10千帕(1米高的水柱),那么溢流管顶端与瓶中液面的高度差应小于或等于1米。自动排水型气水分离器如图3-17所示。

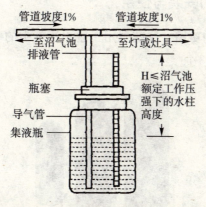

图3-17 自动排水型气水分离器

(7)气水分离器的防冻措施 气水分离器起收集输气管中冷凝水、减少沼气中水分含量、保证用气正常的作用,因此应积极加强气水分离器的防冻措施。

具体应该做到以下几点:

①气水分离器最好安装在室内灶前偏低处,既可防寒,又可便于管理;如安装在室外,坑要稍微挖深一些,并盖严保温。

②入冬前应对输配系统做一次全面的排水处理,尤其是降温结冰时,要将积水倒尽。

③若仍有少数用户不知气水分离器埋于何处、不知如何管理,技术员在安装时一定要交代清楚,一旦压力表上水柱突然降为"0",就要检查这个埋于地下、容易被忽略的部位。

④若玻璃瓶破损,应及时更新,如果是塑料制品,可以黏胶修补。

(8)气水分离器的防鼠咬坏措施 由于气水分离器通常埋于地下,且采用塑料材料,所以易被老鼠咬破。其鼠害防除方法如下:

气水分离器无论安在室内或室外,都应该将坑内底面用砖铺实,四壁用砖砌严,顶部用砖盖好,防止老鼠打洞钻入。气水分离器以采用玻璃制品为佳。

2. 脱硫器的安装与使用

(1)脱硫器的功用 脱硫器用于脱出沼气中的硫化氢。沼气工程脱硫设备见图3-18。

图3-18 沼气工程脱硫设备

(2)脱出沼气中的硫化氢的原因 硫化氢是一种带有臭鸡蛋味的无色可燃气体,也是沼气中主要的有害成分,它不仅危害人体健康,而且对厨房金属器具、沼气用具和管道阀门都有较强的腐蚀作用。因此农户一定要安装脱硫器,确保沼气中硫化氢的含量净化到0.02克/米^{3}以下。

硫化氢含量为1200~2800毫克/米^{3}时,可立即致人死亡;在0.6毫克/米^{3}时,0.5~1小时内致人死亡。以单一的畜禽粪便、人粪尿、有机废水为原料,农村户用沼气池中硫化氢含量一般在500~2000毫克/米^3,而国家标准规定民用燃气中硫化氢气体的含量不得超过

20毫克/米³。所以沼气作为民用,不管是用于直接供气还是用于发电,都必须进行脱硫处理。

(3)脱硫器的安装位置 脱硫器安装在沼气总开关与压力表之间,如图3-19所示。

(4)户用脱硫器的组成 户用脱硫器主要由脱硫剂和容器两部分组成,容器材料可选用不漏气的玻璃管或塑料等,两端有出、入气口,脱硫剂置于其中,让沼气自下而上通过脱硫剂,达到除去硫化氢的目的。户用脱硫器的组成见图3-20。

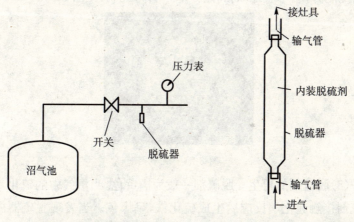

图3-19 脱硫器的安装位置　　图3-20 户用脱硫器

(5)脱硫原理 沼气脱硫一般采用氧化铁干法脱硫或采用低浓度的碱液脱硫。干法脱硫具有工艺简单、成熟可靠、造价低的特点,并能达到较高的净化程度,目前被普遍采用。

氧化铁干法脱硫分为氧化反应和还原反应两部分。

氧化反应原理:$Fe_2O_3 \cdot H_2O + 3H_2S \rightarrow Fe_2S_3 \cdot H_2O + 3H_2O$

还原反应原理:$2Fe_2S_3 \cdot H_2O + 3O_2 \rightarrow 2Fe_2O_3 \cdot H_2O + 6S$

(6)户用脱硫器的制作方法 用两个去掉底盖的约500毫升的饮料瓶,内装一块钻有许多小孔(直径1～1.5毫米)的塑料圆片,并盖上2～3层塑料窗纱叠成的圆垫,再对接,用塑料胶带黏合而成圆柱壳体。两端瓶盖分别开孔,黏结上塑料管嘴作为沼气进、出口接头,打开上端出、气口的瓶盖即可装卸粉状或颗粒状的脱硫剂。需要说明的是,要竖立安装,使塑料圆片在底部,这样沼气才能由下而上地通过。

(7)脱硫剂的制作方法 将铸铁屑和木屑按 1∶1 的重量比例混合,掺洒水后充分翻晒进行人工氧化。若三氧化二铁/氧化铁的比值大于 1.5,在进脱硫器前需再加入 0.5% 熟石灰(颗粒直径 0.6～2.4 毫米),以调节 pH 达到 8～9,并使含水量达到 30%～40%。这种脱硫剂配制方便,可就地取材,适于农户自行配制,见图 3-21。

图 3-21 脱硫剂

(8)脱硫剂的再生 脱硫剂一般为橘黄色,当沼气中的硫化氢与脱硫剂接触起化学反应后生成硫化铁,呈黑色。当发现脱硫器内的脱硫剂全部变成黑色,则要再生或更换脱硫剂。

脱硫剂的活性成分三氧化二铁与硫化氢接触后生成硫化铁,硫化铁在空气中与氧气接触,可以转化为三氧化二铁和单质硫,再生的三氧化二铁又能继续与硫化氢起作用,达到脱硫剂再生的目的。

再生时,切断沼气气源,将脱硫剂从容器中取出。如果脱硫剂量不大,可装入麻袋、编织袋或空容器里,敞开口子使其缓慢氧化,大约需 20 天。再生后,调节脱硫剂的含水量和 pH,即可重新使用。如果脱硫剂的量较大,可摊在地上晾晒,但不要直接暴晒,以免脱硫剂脱水,产生不易再生的硫化铁,并引起硫自燃。摊晾时,脱硫剂的厚度以 30～40 厘米为宜,并要定时翻动,使其充分氧化。新得到的脱硫

第三章 沼气输配系统的安装与使用

剂一般可使用半年以上,经再生的脱硫剂可使用3个月左右。

(9)脱硫器的使用注意事项

①脱硫器一经使用,空气绝不能进入其中。如果空气进入脱硫器,使脱硫器内的脱硫剂产生化学反应,温度可升至300℃,造成脱硫器外壳熔化、变薄、烧穿等。

②沼气池出料时,应打开脱硫器前三通上的开关,并关闭脱硫器的开关,以防止空气进入脱硫器,造成脱硫器损坏。

③严禁直接在脱硫器中再生脱硫剂。

(10)脱硫器常见的故障与排除

沼气脱硫器常见故障的原因及排除方法见表3-4。

表3-4 沼气脱硫器常见故障的原因及排除方法

故障现象	故障原因	故障排除方法
沼气脱硫器外壳发生软化变形甚至烧坏	空气中大量的氧气与脱硫器中的脱硫剂发生化学反应,并释放强热	阻止空气中氧气进入脱硫瓶(除料时关闭净化器开关或灶具开关)
安装脱硫器后,沼气输送时出现气流不畅的现象	运输过程中,脱硫剂颗粒滚进脱硫器进、出气机,卡住输气管,使气流不畅	抖动脱硫瓶,使管道畅通
脱硫器漏气,有较浓的类似臭鸡蛋的气味	①脱硫器瓶盖内密封垫圈没有装好 ②输气管与脱硫器连接处密封不良	①将脱硫器瓶盖取下,把盖内密封垫圈摆正,重新装上并拧紧 ②将管道接头连接处卡箍拧紧

3.压力表的安装与使用

(1)压力表的功能

①根据压差估计沼气池中的储气量。

②检验沼气池和输气管具是否漏气。

③根据压力表指示来调节沼气流量,使沼气燃具在最佳条件下工作。

(2)压力表的类型 农村户用沼气输出系统中常用低压盒式压力表和U形压力表。

①低压盒式压力表。低压盒式压力表采用耐酸、耐碱、防腐蚀材料制成,直径为60毫米、重32克、检测范围0~10千帕。盒式压力表的体积较小、重量较轻,压力指示准确,运输、携带和安装均方便,如图3-22所示。

图3-22 低压盒式压力表

②U形压力表。U形压力表有玻璃直形管和玻璃(或透明软管)U形管两种。一般常用玻璃U形管,管内装带色水柱,读数直观,测量迅速准确。

(3)U形压力表的制作方法 在一块长1.2米、宽0.2米左右的木板(或纤维板、胶合板、塑料板等)上固定市售的沼气压力表纸,然后用软橡胶管(乳胶管)将两根约1米长的玻璃管连接成U形,并固定在木板上;管内注入用水稀释的红墨水,以指示沼气压力,注入的水量应使左右两根水柱的水位同在零刻度线上;U形管的一端接输气管,另一端接安全瓶。当与输气管相连的管子一端水位下降、另一端水位上升时,则为"正压",表明池内存有沼气,管内两个水面的差值就是池内沼气的压力。当沼气压力超过规定的限度时,便会将U形管中的液体冲入安全瓶中,多余的沼气就会通过安全瓶的气孔排出,从而起到安全水封的作用,以避免池内压力过大而胀裂池体,也可以防止液柱被冲出玻璃管。相反,若U形压力表上与大气相通的一端水柱下降到零刻度以下,而与输气管相通的一端水柱上升,则表明池内沼气压力低于大气压强,即为"负压"。U形压力表的制作图如图 3-23 所示。

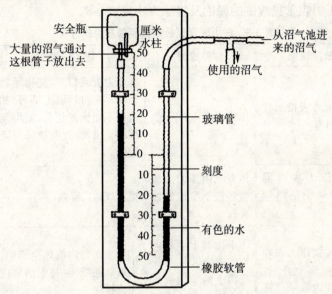

图 3-23 U 形压力表的制作图

(4)压力表的安装位置 压力表应安装在脱硫器与沼气用具之间,如图 3-24 所示。

(5)压力表的使用与维护 在使用时,要尽可能地控制灶具的使用压力,使其保持在设计压力左右,不宜超压运行,以免压力过大,火跑出锅外,浪费沼气。需要注意

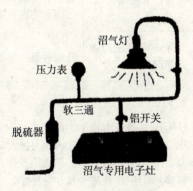

图 3-24 压力表的安装

的是,沼气池内沼气过多时,压力表指示会达到表压极限值 16 千帕,此时应尽快使用沼气,保护压力表和沼气池,避免发生表被撑坏或沼气池密封盖被冲离而胀坏池壁的现象。

(6)压力表常见故障的原因及排除方法

压力表常见故障的原因及排除方法见表3-5。

表3-5 压力表常见故障的原因及排除方法

故障现象	故障原因	故障排除方法
盒式压力表指示针不能回零	压力表内弹簧失灵	将压力表盖打开,把指示针取下后在零位重新装上即可;如按此法仍不能恢复正常,则可能是连接铜轮出轨,此类故障只能返厂维修
盒式压力表内漏气,沼气无法继续输送	压力表内部的金属盒焊接不牢或腐蚀穿孔	更换或返厂维修
低液柱式压力表在沼气液面上升后,玻璃管内显示气压的水柱不动,不能随气压升降而变动	①平衡器上活塞内空气未排尽 ②因上活塞内液体过少而造成压力不足,使活塞变形卡住而不能正常工作	①将平衡器内液体全部倒出,并重新加注液体,将上活塞内空气完全排除 ②使液面与玻璃管零刻度一致即可
升降式沼气压力表内部漏气	硅胶活塞接缝不良	更换压力表
U形压力表表上溢水。正常输气时压力表U形管内缺水较多,而压力表玻璃管或塑料管并未出现破损、渗漏,但刻度板上却有明显的水湿痕迹	①产气多,用气少,池内压力过大 ②管道过短或过长,内径过细 ③压力表安装位置偏低 ④U形管顶端未置安全球	①有气应常用,不要使池内储气过多 ②U形管道不宜过长,以满足100厘米水柱差为好,其内径不得小于8厘米 ③压力表应安装在离地面1.5米以上 ④U形管顶端加置安全球,如水冲出,可积于球内,待池内气压下降后,溢于球内的水又可自动流回管中

续表

故障现象	故障原因	故障排除方法
寒冷冬季压力表失灵	①压力表安装在温度过低的地方 ②未对压力表进行入冬前的保养 ③未对压力表进行排水处理 ④压力表内未添加防冻液	①压力表应安装在明亮、背风的墙壁上 ②临近冬季,应关闭导气管与压力表之间的开关,将管中的清水放出,再灌入盐水、红酒、白酒之类的防冻溶液 ③入冬前,应对整个输配系统做一次排除积水的技术处理 ④在压力表管中加注防冻液

4.沼气净化调控器的安装与使用

将脱硫器、压力表组装于一体,形成沼气输配部件,它既可检测沼气压力,又可脱出沼气中的硫化氢。

将常温下含有硫化氢的沼气从进气口进入脱硫器,通过脱硫剂床层,沼气中的硫化氢与脱硫剂(即活性氧化铁)接触,发生反应,生成硫化铁和硫化亚铁。脱硫后沼气从两个出气口出来,一部分进入压力表,另一部分进入输气管。调节旋钮开关的开度可调节沼气的大小和压力。沼气净化调控器安装在沼气池总开关与沼气用具之间,如图 3-25 所示。

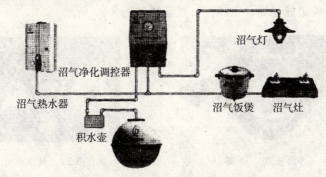

图 3-25　沼气净化调控器的安装图

5.沼气流量计数表的安装与使用

沼气流量计数表用于记录沼气的流量,安装在脱硫器或沼气调控净化器之后。

四、沼气用具的安装与使用

1.沼气灶的安装与使用

(1)沼气灶的类型

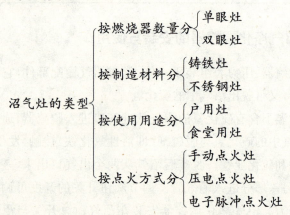

我国农村户用沼气灶常采用不锈钢电子脉冲点火单眼或双眼沼气灶。单眼灶如图 3-26 所示,双眼灶如图 3-27 所示。

图 3-26 单眼灶

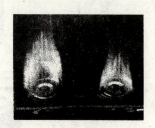

图 3-27 双眼灶

(2) 户用沼气灶的技术参数

户用沼气灶的主要技术参数见表 3-6。

表 3-6 户用沼气灶的主要技术参数

灶具名称	额定压力（帕）	热流量		热效率（%）	一氧化碳（%）	外形尺寸（厘米）	
		（千瓦）	（兆焦/小时）			单眼灶	双眼灶
铸铁单眼灶	800	2.79	10.0	55	0.05	28×38×11	70×38×11
不锈钢单、双眼灶	1600	3.26	11.7				

(3) 户用沼气灶的组成

户用沼气灶由燃烧系统、供气系统、辅助系统及点火系统四部分组成，如图 3-28 所示。

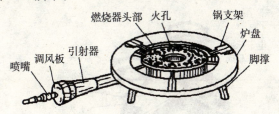

图 3-28 户用沼气灶

①燃烧系统。即燃烧器，是最重要的部件，一般采用大气式燃烧器。燃烧器的头部一般为圆形火盖式。火孔有圆形、梯形、方形和缝隙形。

②供气系统。包括沼气阀和输气管。沼气阀主要用于控制沼气通路的开与关，须经久耐用，密封性能可靠。

③辅助系统。是指灶具的整体框架、灶面、锅支架等。简易锅支架采用 3 个支爪，可以 1200°上下翻动。较高级的双眼灶上都配有整体支架，一个放平底锅，一个放尖底锅。

④点火系统。多配在高档灶具上。常用的点火器有压电陶瓷火

花点火器和电子脉冲火花点火器两种。电子脉冲点火不锈钢单眼灶零件分解如图 3-29 所示,电子脉冲点火不锈钢双眼灶零件分解如图 3-30 所示。

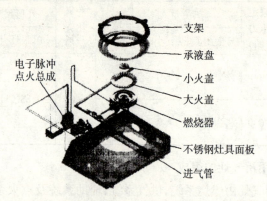

图 3-29 电子脉冲点火不锈钢单眼灶零件分解图

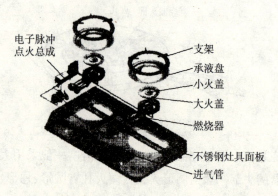

图 3-30 电子脉冲点火不锈钢双眼灶零件分解图

(4)户用沼气灶的安装

①户用沼气灶应安装在厨房内的灶台上,厨房高度应大于 2.2 米;当厨房内有热水器时,高度应大于 2.6 米。房间应保持良好的自然通风和采光。

②一个厨房内安装 2 台沼气灶或者 1 台沼气灶和 1 台沼气饭煲

第三章　沼气输配系统的安装与使用

时,沼气灶与沼气饭煲之间的距离应大于 50 厘米。

③灶台高度一般为 60~65 厘米,台面应由防火材料制成,沼气灶应平放在灶台上。

④灶台不能建在穿堂风直接吹到的地方。沼气灶靠窗口时,窗口应高出灶具 30 厘米以上。灶具背面与墙壁之间的距离应大于 10 厘米,侧面与墙壁的距离应大于 25 厘米。若墙面材料不是防火材料,必须加设隔热防火层。隔热防火层的长度和高度应比灶台的长或高 60~80 厘米。

(5)户用沼气灶的使用方法　使用前仔细阅读沼气灶使用说明书,了解沼气灶的结构、性能、使用方法和常见故障与排除方法,严格按照使用说明书的要求操作。

①点火。

• 手动点火灶具。应先划燃火柴或点燃引火物,再扭开旋钮开关点燃沼气。若先扭开旋钮开关,后划燃火柴,易使沼气泄漏,造成人员被火灼伤甚至引发更大的事故。

• 压电点火灶具。将旋钮开关压下向里推进,按箭头指示方向慢慢向逆时针方向旋转,听到点火声,观察火焰点燃与否后,松手让旋钮开关复位。如第一次未点燃,再重复一次上述操作,直至点燃为止。

• 电子脉冲点火灶具。压下旋钮开关,逆时针方向旋转,接通脉冲点火器电源。脉冲点火器通过点火导线、点火针,在点火针和小火盖最近距离之间形成尖端高压脉冲放电,产生连续数次点火电火花。同时旋钮开关逆时针方向旋转,开通小火头、大火头的燃气路径,于是从燃气入口进入的沼气,由小喷嘴、大喷嘴喷出后,立即被产生的连续点火电火花点燃,从而完成沼气灶的点火。当沼气点燃后,松开压下的旋钮开关让其回位,点火过程完毕,沼气进入正常燃烧状态。

②燃气大小调节。燃气大小由旋钮开关控制,旋钮开关由初始

OFF 位置逆时针旋转 90°至水平位置时,燃气最大;再旋转火力变小;旋转至与初始位置成 180°时,只有一个小火头。燃气大小调节方式如图 3-31 所示。

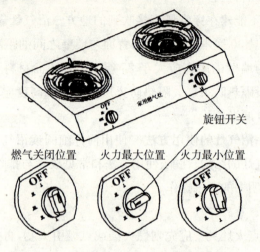

图 3-31　燃气大小调节示意图

③燃烧火焰调节。该调节是调节混合燃气的比例,使之达到最佳的燃烧状态,即内焰与外焰的交界处正好位于锅底,外焰散开平铺于锅底,火焰呈蓝绿色,燃烧短促有力并发出"嗡嗡"的声音。混合燃气的比例调节可从两方面进行:一方面是减少沼气量;另一方面是增加混入的空气量。使用中,先确定火力大小,再调节混入的空气量。当沼气池产气质量不好或沼气中甲烷浓度较低时,应特别注意混入空气量的调节。

• 使用中,如火焰呈红黄色,说明沼气燃烧不完全,在这种情况下,会释放出一氧化碳,此时要调大风门,增加空气量,直到火焰呈蓝色。如果风门开得过大,空气量过多,火焰根部容易离开火焰孔,这会降低火焰的温度,同时过多的烟气又会带走一部分热量,使热效率下降。

• 使用中,若火焰偏短就要适当减少混入的空气量。如燃烧器的火盖内有火苗燃烧,则应适当调小风门,减少混入的空气量,直至达到正常燃烧状态。

④熄火。将旋钮顺时针旋至初始 OFF 位置,并听到"滴"的一声,灶具即自动关闭,同时关闭沼气灶前管路上的开关。

• 使用时,一定要切记保持空气流通,不要紧闭窗门。

• 使用时,应避免风吹,一是风吹会使火焰摇摆不稳,火力不集中;二是风大时易吹灭火焰,使沼气大量泄漏,易发生事故。

• 使用时,应有人看守。煮汤或烧水时,容器不要装得太满,以免火被溢出的汤、水浇灭而发生漏气。

• 使用时要尽可能地控制灶具的使用压力,使其保持在设计压力左右,避免因沼气压力过小,火突然熄灭而发生漏气;或压力过大,火大都跑出锅外,浪费沼气。

(6)控制灶前压力能提高沼气灶的热效率 沼气灶前压力的大小和稳定直接影响燃烧效果。当灶前压力高于额定压力时,沼气的流速过快、流量过大,会降低灶的热效率;当灶前压力低于额定压力时,沼气灶的热负荷随之降低,使做饭时间延长或者不能满足做饭的要求。农村户用水压式沼气池的压力在一昼夜之间变化较大,在早晨(或用气前)压力大,晚上(或用气后)压力小。为了保证灶前压力相对稳定,可以在灶前安装一个阀门,与沼气灶的开关结合。控制这个阀门的开启度,在一定程度上可以调节灶前压力,使之相对稳定,从而提高灶的热效率。例如,北京 W 型灶,不用开关调节时,热效率为 57%;用开关调节灶前压力,热效率能升到 60.1%。

(7)控制调风板,调节适宜的一次进风量,能提高沼气灶的热效率 控制调风板,调节适宜的一次进风量,可以使沼气燃烧状态更佳,获得更高的热效率。调风板开得大,一次空气进量大,沼气压力较小或沼气质量较差时,都容易造成脱火,使火焰温度降低。过多的烟气又会带走一部分热量,致使灶的热效率下降。不少农户希望在烧柴时

沼气生产实用技术

见到长火焰,以为这种火最旺,于是往往把风门调小,让沼气灶上燃烧的火焰偏长。实际上这种火的温度较低(因为燃烧时供氧不足),还会产生过量的一氧化碳,对人体有害。北京市公共事业科学研究所曾经做过调节风门的实验,用 30 厘米的铝锅,盛 4.5 千克水,从 30℃烧到 90℃。如果按照农户平时烧柴灶的习惯,需要 23 分 15 秒,热效率为 51.9%;如果使用调风板进行调节,使火焰呈蓝绿色,热效率能达到 66.4%。因此,在使用灶具时,应根据沼气气压和质量情况调节调风板。

在具体使用中,脱火时可以调小或关闭风门;其他时间应根据燃烧状态调节风门,使火焰成短而有力的蓝色火焰。否则,将可能形成扩散式燃烧,影响燃烧效率。对于新购置的沼气灶,必须先清除内部黏着的沙、铁屑。

(8)户用沼气灶的日常维护保养

①经常清洁沼气灶,以保证其优良的性能和长久的寿命。

②经常清洗支架、承液盘和灶具面板。清洗后的灶具部件应按沼气灶的组装顺序放回原来的位置,试一试点火及燃烧情况是否正常。

③经常清扫燃烧器的大、小火头和大、小火盖的火焰孔污垢,以防油污和杂物阻塞。

④经常清理燃气阀的大、小喷嘴和引火头的污垢,以防油污和杂物阻塞。孔内若有杂物,应用细铁丝掏出,保证沼气畅通,正常燃烧。

⑤经常检查压电点火总成的点火导线孔与点火针接头处的连接是否紧固,并保持点火针尖的清洁。

⑥经常检查电子脉冲点火总成的点火导线孔与点火针接头处的连接是否紧固,并保持点火针尖的清洁。

⑦经常检查沼气灶具的进气管与软管连接是否紧密,燃气胶管是否老化等。

(9) 户用沼气灶的常见故障诊断与排除

户用沼气灶常见故障的原因及排除方法见表 3-7。

表 3-7 户用沼气灶常见故障的原因及排除方法

故障现象	故障原因	故障排除方法
火焰大小不均或波动	①燃烧器放偏 ②喷嘴没有对准或者火孔被堵 ③在输气管或灶具中积有冷凝水	①调整燃烧器 ②清除喷嘴中的障碍物 ③排除输气管和灶具中的积水
火焰脱离燃烧器	①喷嘴被堵 ②沼气灶前压力过大 ③一次空气供给过多 ④沼气热值较小,即甲烷含量低	①清除喷嘴中的障碍物 ②控制灶前压力 ③调节燃烧器的进风量 ④进行沼气池的日常管理,并及时处理病态池,提高沼气中甲烷的含量
火焰长而弱,东飘西荡	①供应的沼气过多 ②空气不足,使沼气燃烧不完全 ③喷嘴调节不当	①调小灶前沼气开关,控制沼气灶前压力 ②开大调风板,增大一次空气供给量 ③转动喷嘴至产生短而有力的浅蓝色火焰
灶的外圈火焰脱火	灶具使用一段时间后,燃烧器上的火孔面积变小,造成一次空气引射不足	取下火盖轻振,或者用细铁丝穿通被堵塞的火孔。若不能恢复原状,应更换新火盖
灶具安放在灶膛内,火焰从炉口窜出	炉口过小,空气供给不足,排烟不畅	加大炉口,用合适尺寸的锅,使锅与灶膛锅圈有一定的间隙,使烟能够排出
火焰摆动,有红黄闪光或黑烟,甚至有臭味	①一次空气供给不足 ②燃烧器堵塞,二次空气供给不足	①加大喷嘴和燃烧器间的距离 ②清除燃烧器上的阻碍物

续表

故障现象	故障原因	故障排除方法
火焰过猛,燃烧声音大	①一次空气供给过多 ②沼气灶前压力过大	①调小调风板 ②控制灶前开关,调节灶前压力
点不着火	输气管被堵塞或折扁	理顺输气管或清除管道内的杂物
开关上的栓转不动,开度不够	①栓帽压得过低 ②缺油	①松动栓帽 ②加润滑油
电子脉冲灶的电池盒或导线被烧坏	①沼气灶前压力过大,远超过灶具燃烧气压,灶具燃烧的火焰过高 ②使用中,当火焰过高时,未及时调节调风门,混合气体中一次空气供给量偏小	①调小灶前开关,调整使用时的沼气灶前压力至额定工作压力 ②调节调风门,增大一次空气供给量,使火焰呈蓝色、短而有力
电子脉冲灶点着火后,仍发出脉冲打火时的"嗤嗤"声	点火后,旋钮开关弹簧未回位,导致开关未完全关闭	把旋钮开关提起复位
电子脉冲灶打火不灵或着火率低	①点火针被氧化 ②电路的触点接触不良 ③电池接触不良	①用细砂纸打磨点火针,除去氧化层 ②用细砂纸打磨相关触点,除去氧化层 ③重新安装电池
电子脉冲灶停止使用一段时间后再次使用,点不着火	停止使用前,未取出电池,电池漏液腐蚀了电池盒上的电极	更换损坏的电池盒和电池

2.沼气灯的安装与使用

(1)沼气灯的技术参数 沼气灯是将沼气的化学能转变为光能的一种燃烧装置。一盏沼气灯的照明度相当于40～60瓦白炽灯的照明度,其耗气量相当于沼气灶耗气量的1/6～1/5。沼气灯的主要技术参数见表3-8。

表3-8 沼气灯的主要技术参数

灯具名称	额定压力(帕)	热流量		光照度(勒克斯)	发光效率(％)	一氧化碳(％)
		(瓦)	(千焦/小时)			
户用沼气灯	800	410	1464	60	13	0.05
	1600	—	—	45	10	
	2400	525	1883	35	8	

(2)沼气灯的组成 沼气灯是一种大气式燃烧器,由喷嘴、引射器、泥头、纱罩、反光罩、玻璃灯罩等部件构成,如图3-32所示。

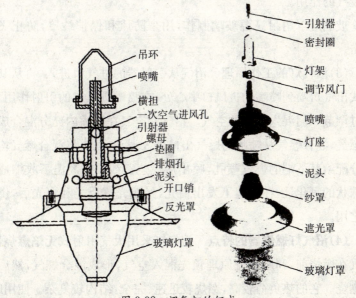

图3-32 沼气灯的组成

沼气灯的喷嘴和引射器的作用、工作原理与沼气灶的类似。为了简化结构，引射器被做成直圆柱管，与喷嘴用螺纹连接，喷嘴在引射器上可以自由转动。在离喷嘴不远的引射器上，对开两个直径为7~9毫米的圆孔，作为一次空气进气口。一次空气进气量的多少，可以通过旋转喷嘴来控制。喷嘴的孔径很小，一般为1毫米左右，很容易被堵塞，沼气进入前，最好用细铜丝网或不锈钢丝网过滤除杂。

泥头用耐火材料制作，端部开有很多小孔，起到均匀分配气流和缓冲压力的作用，上面安装纱罩。泥头与引射器（铁芯）采用螺纹连接，便于损坏后更换。

纱罩是用苎麻、植物纤维、人造丝按3:5:15的比例配线织网，然后用含钍(Th)和铈(Ce)的溶液浸渍而成的。

反光罩，也称聚光罩、灯盘，用来安装玻璃罩，起到反光和聚光的作用，一般用白搪瓷或铝板制作。灯盘上部设有小孔，起到散热和排除废气的作用。

玻璃灯罩用耐高温玻璃制作，用来防风和保护纱罩，防止飞虫撞击。

(3) **沼气灯的工作原理**　沼气从引射器的进气口进入，再从其针孔式出气口喷到喷嘴的进风口中心处，在喷嘴进风口的引射作用下，通过调节风门混入适当的空气。沼气和空气在喷嘴内充分混合成混合燃气，混合燃气从喷嘴的燃气出口进入泥头，泥头将混合燃气均匀地分配给其下端的燃气喷孔，喷出后燃烧。纱罩在高温下收缩成白色珠状的氧化钍，在高温下发出白光，经遮光罩反光和聚光后，供照明之用。

(4) **沼气灯燃烧器的特点**　沼气灯采用大气引射式无焰燃烧器，燃气在燃烧前，利用射流原理预先混入空气，形成混合燃气，然后喷出燃烧。它的热负荷较高，燃烧较迅速、完全，结构较复杂。使用时，混合空气量的调节非常重要，操作较复杂。沼气灯燃烧器如图3-33

所示。

燃烧器主要特点如下：

①燃烧器的引射器中心轴线必须与喷嘴中心轴线对准，即沼气灯引射器的中心轴线安装后必须与喷嘴的中心轴线同心，且引射器下端面应在喷嘴进风口中心线上，即引射器的螺旋长度与喷嘴的旋入长度应相等，这对沼气灯的稳定燃烧是十分重要的。

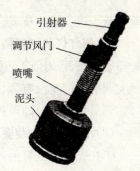

图3-33 沼气灯燃烧器

②喷嘴使燃气管中的沼气和从调节风门进入的空气混合为混合燃气，并使混合燃气的速度呈匀速状态。喷嘴的进风口形状、尺寸与调节风门的进风口形状、尺寸应一致，组合后才能完全重合。

③泥头的燃气喷孔应均匀、畅通。泥头是实现沼气灯稳定燃烧的关键部件。

④燃烧器总成装配后，引射器、喷嘴和泥头的中心轴线必须同心，这是沼气灯燃烧器的基础；喷嘴与调节风门的进风口应能完全重合，这是沼气灯燃烧器的前提；引射器下端面应在喷嘴（或调节风门）的进风口中心线上，这是沼气灯燃烧器的关键；泥头既起到防止回火和脱火的稳定作用，还起到对整个燃烧器的支撑作用。

(5) 沼气灯的点火方式　沼气灯采用手动点火方式。点火时，应先划燃火柴或点燃引火物，再扭开旋扭开关，点燃沼气。若先扭开旋钮开关，后划燃火柴，易造成沼气泄漏，可能造成人员被火灼伤甚至引发更大的事故。待压力升至一定高度，燃烧稳定、亮度正常后，为节约沼气，可调节沼气开关，稍降压力，其亮度仍可不变。灯若久燃不亮，可反复调整，混入空气，用嘴吹纱罩，使其燃烧正常，灯光发白。

(6) 沼气灯的进气量调节　进气量的多少由喷嘴进风口与调节风门进风口的重合度来决定。调节风门的进风口与喷嘴的进风口完全重合时为进气最大位置；调节风门的进风口与喷嘴的进风口重合一半时为进气居中位置；调节风门的进风口与喷嘴的进风口完全不重合时为进气最小位置。

(7)沼气灯的亮度调节 调整调节风门的开度,可获得满意的灯光亮度。当调节风门开度过小时,火焰会飘荡无力、灯光发红。适当开大调节风门至没有飘荡的火苗、不见明火,且纱罩呈炽白状,沼气灯达到最佳亮度时即可正常使用。

(8)沼气灯的安装要点

①在安装沼气灯前,应检查沼气灯的配件是否齐全、有无损坏。

②沼气灯一般采用聚氯乙烯管连接,管路布置应合理,不宜过长,不要盘卷、折扭。用管卡将管路固定在墙上,软管与灯的喷嘴连接处应用固定卡或铁丝捆扎牢固,以防漏气或脱落。

③吊灯光源中心距离顶棚的高度以750毫米为宜,距离室内地平面以2米为宜。吊灯应远离电线和烟囱,它们间的距离应不小于1米。吊灯的高度最好可以调节。

④台灯光源距离桌面450~500毫米,最好不要产生眩光。安装的位置要稳定,并使开关方便。

⑤为有较好的照明效果,室内天花板、墙壁应尽量采用白色或黄色漆料。

⑥要根据沼气池夜间经常达到的气压来选择不同额定压力的沼气灯。如果沼气压力超过额定压力过多,虽然灯较亮,但是耗气量过大,而且很容易将纱罩冲破。所以,对于水压式沼气池必须安装开关,用来控制沼气灯前压力。

(9)沼气灯的安全使用

①新的沼气灯在使用前,应不安装纱罩进行试烧。如果火苗呈浅蓝色、短而有力,且均匀地从泥头孔中喷出、"呼呼"作响,火焰不离泥头燃烧,无脱火、回火现象,表明灯的性能良好,即可关闭沼气阀门,等泥头冷却后安上纱罩。

②新纱罩初次点燃时,要求有较大的沼气压力,以便有足够的气量将纱罩烧成较均匀的球形。对于已经烧好的纱罩,不能用手或其他物质触击,否则会使纱罩破碎。纱罩不应受潮,否则不利于沼气燃

第三章 沼气输配系统的安装与使用

烧。在点灯时,要防止沼气供气压力过大。启动压力应逐渐加大,以免沼气冲破纱罩。

③点灯时,应先点火后开气,待压力升到一定高度,燃烧稳定、亮度正常后,为了节约沼气,才可以调节开关,稍微减小压力。

④破损的纱罩会使沼气燃烧不完全,甚至不能正常工作,需要及时更换。

(10) 沼气灯的日常维护保养

①保持沼气灯清洁。灯内应无灰尘,要防止污物堵塞引射器、喷嘴和泥头喷孔。

②经常擦拭灯具上的遮光罩、玻璃灯罩,并保持墙面及天花板的清洁,以减少光的损失,保持灯具原有的发光效率。

(11) 沼气灯常见故障诊断与排除

沼气灯常见故障的原因及排除方法见表 3-9。

表 3-9 沼气灯常见故障的原因及排除方法

故障现象	故障原因	故障排除方法
灯光由正常变弱	①沼气压力减小,沼气量减少 ②引射器出气孔堵塞 ③泥头燃气孔堵塞	①调大进气开关开启度,增加沼气量 ②用钢丝或针疏通出气孔 ③用钢丝或针疏通泥头燃气孔
灯光忽明忽暗不稳定	①引射器的中心轴线与喷嘴的中心轴线安装后不同心,喷嘴旋入长度过长或引射器螺旋长度过短,喷嘴旋入长度过短或引射器螺旋长度过长 ②输气管中有积水 ③集水器中积水量过多	①保证引射器的中心轴线安装后与喷嘴的中主轴线同心,调整引射器下端在喷嘴进风口中心线上,如果不行则更换引射器和喷嘴 ②清除输气管中的积水,然后使输气管的坡度夹角为 5°,并且坡向沼气池或集水瓶,使输气管中的积水能够自动流入沼气池或集水器中 ③排除集水器中的积水

续表

故障现象	故障原因	故障排除方法
灯不亮,灯光发红无白光	①引射器进气孔径过小或出气孔堵塞,沼气量偏少 ②沼气量偏多,空气量偏少 ③最大进风位置时,沼气量仍然偏多,引射器的进气口孔径过大 ④最大进风位置时,空气量仍然偏少,调风门与喷嘴相对位置不对应,调风门位置偏高或偏低 ⑤纱罩质量不合格	①更换合格的引射器或用钢丝疏通引射器出气孔,加大沼气量 ②调节风量,增加混入的空气量,调到灯光发白、亮度最佳为止 ③更换合格的引射器 ④调整喷嘴与调风门的进风中心位置至完全重合 ⑤更换纱罩
纱罩外有明火	①沼气量过多 ②沼气量适量,但混入的空气量偏少	①调小进气开关开启度,减少沼气量,调至不见明火、发出白光、亮度最佳为止 ②增大调风门开启度,增加混入的空气量,调至不见明火、发出白光、亮度最佳为止
纱罩破裂、脱落、损坏	①泥头破碎 ②沼气压力过大 ③纱罩安装不当	①更换泥头 ②调整沼气灯前压力至额定压力 ③更换并正确安装纱罩
玻璃灯罩破碎	①带着玻璃灯罩烧纱罩,使玻璃灯罩受热不均发生破裂 ②纱罩带火焰燃烧,造成玻璃灯罩受热不均发生破裂	①烧纱罩前,应不安装玻璃灯罩 ②灯在使用时,纱罩外不允许有明火,通过上述消除纱罩外明火的方法调整

3.沼气饭煲的组成

沼气饭煲由锅盖、内盖、内锅、锅罩、扩散式燃烧器、燃气阀总成、电子脉冲点火装置、底座等组成。电子脉冲点火装置由连接导线、电池盒、点火针、点火导线、电子脉冲点火控制装置组成,其作用是产生连续点火电火花和开通沼气路径。

燃气阀总成由保温开关、主燃开关、燃气阀、小燃气喷孔、进气管、大燃气喷孔、感温器、支承架等组成。

(1)沼气饭煲的工作原理　在点火时,同时压下主燃开关和保温开关后,电子脉冲点火器电源接通。电子脉冲点火燃烧控制装置执行两个动作:一是产生连续点火电火花,脉冲点火器通过点火导线、点火针,在点火针与小燃气孔最近距离之间形成尖端高压电脉冲放电,产生连续点火电火花;二是开通燃气路径,主燃开关开通大通道燃气路径,保温开关开通小通道燃气路径。从进气口进入的沼气,经过燃气路径,小通道沼气通过小燃气孔直接喷出,被产生的连续点火电火花点燃,形成小火头火苗;大通道沼气通过大燃气孔进入燃烧器大火头燃气进口,从燃烧器大火头喷嘴喷出后被小火头上的火苗点燃。此时,大、小火头同时燃烧,点火过程完成,进入正常的燃烧状态。

(2)沼气饭煲的使用　正常燃烧状态时,大、小火头同时工作,加热内锅中盛装的食物,煮熟后还可保温。

煮米饭时,当饭熟水干后,感温器在感温元件的作用下,会自动往上弹起主燃开关,关闭燃气阀的大通道燃气,停止大火头的工作。此时保温开关并未弹起,小火头继续工作,进入保温燃烧状态。当不需要保温时,只能用手动方式往上弹起保温开关,关闭燃气阀的小通道燃气,停止小火头的工作。

煮稀饭或汤菜时,因锅内水不会干,感温器不会自动往上弹起主燃开关而停止大火头的工作,只能根据需要,人工停止大、小火头的工作。当稀饭或汤菜煮熟后,手动往上弹起主燃开关,停止大火头的工作。小火头继续工作,进入保温燃烧状态。当不需要保温时,再手动往上弹起保温开关,关闭燃气阀的小通道燃气,停止小火头的工作,饭煲即停止工作。

• 由于沼气饭煲使用明火,用户在使用时应注意避免被火灼伤,同时也要避免"干烧"。

• 避免电池受潮。如果电池不能满足使用需求,点不着沼气时,应及时更换。长期不使用时,应将电池取出。

(3)沼气饭煲的安装

①沼气饭煲的管道应采用燃气专用软管,饭煲的进气口与软管应用管箍连接并紧固,且软管长度不能超过 1.5 米。

②沼气饭煲应置于平稳、通风之处,并距离墙壁 10 厘米以上。

③沼气饭煲与沼气灶的距离应不小于 50 厘米。

④沼气饭煲不能接近其他易燃、易爆物品。

(4)沼气饭煲的日常维护与保养

①经常用水清洗锅罩、内锅、内盖、锅盖等部件。

②经常清理感温器表面,除去烧焦的杂质,保持感温器清洁,切勿损伤感温器表面。内锅外底面的凹台面应保持平整、清洁,切勿损伤凹台面。只有感温表面与凹台面的接触良好才能确保感温性能,从而保证饭煲的正常使用。

③使用 1~2 个月后,拆下燃气阀和燃烧器的连接螺钉,用细铜丝疏通燃气阀的大燃气孔、小燃气孔,防止其堵塞。

④注意检查沼气饭煲进气管与软管处的连接,要保持连接处紧密、牢固。

⑤经常检查沼气专用软管是否通畅、是否老化,出现问题需及时处理。

(5)沼气饭煲常见故障诊断与排除

沼气饭煲常见故障的原因及排除方法见表3-10。

表3-10 沼气饭煲常见故障的原因及排除方法

故障现象	故障原因	故障排除方法
点不着火	①气源开关未打开 ②电池电压不足 ③点火元件有问题;点火针尖不干净;点火导线孔与点火针接头处的连接松脱 ④点火针与小燃气喷孔之间的放电间隙不符合要求 ⑤燃气阀的大、小燃气喷孔堵塞 ⑥燃烧器的燃气进口、大火头喷嘴堵塞	①打开气源 ②更换电池。将底座倾斜,打开电池盒盖,将电池按正(+)、负(-)极所示方向装入电池盒内 ③将点火针尖清理干净;将点火导线孔与点火针接头处连接紧密 ④校正点火针,将放电间隙调整至要求位置 ⑤用钢丝或针疏通燃气阀的大、小燃气喷孔 ⑥用钢丝或针疏通燃烧器的燃气进口、大火头喷嘴
煮的饭或焦或生	①水量不适当 ②感温表面不干净,接触不良 ③内锅的凹台面不干净或变形,接触不良 ④电子脉冲点火控制装置损坏	①加入适量的水 ②将感温表面清理干净,保证接触良好 ③将锅内的凹台面清理干净,保证接触良好;更换内锅 ④请专业人员或厂家维修
燃烧火焰不正常	①沼气压力过大或过小 ②燃气阀的大、小燃气喷孔堵塞 ③燃烧器的燃气进口、大火头喷嘴堵塞	①将沼气饭煲前的压力调至1600帕 ②用钢丝或针疏通燃气阀的大、小燃气喷孔 ③用钢丝或针疏通燃烧器的大燃气进口、大火头喷嘴

4. 沼气热水器的安装与使用

(1)沼气热水器的结构 沼气热水器与其他燃气热水器的结构、原理基本相同,区别只在于沼气热水器的燃烧器部件具有适合于沼气的燃烧特点,它是沼气用具中最复杂的设备。

热水器一般由水供应系统、气供应系统、热交换系统、烟气排除系统和安全控制系统5个部分组成,包括后盖、前盖、排烟系统、燃烧室、水路系统、燃烧器、电子脉冲点火控制系统等构件。目前,常见后制式热水器的运行可以用装在冷水进口处的冷水阀或装在热水出口处的热水阀进行控制。

(2)沼气热水器的工作原理 热水器有2个工作路径。一个是沼气的工作路径,这个路径上一共有3个开关控制沼气的供给,包括1个手动开关和2个自动开关。其中一个自动开关是水气阀内的沼气开关,这个开关只有在额定水压作用下才能开通气路;另外一个自动开关是电子脉冲点火控制装置中的沼气电动阀。只有这3个开关同时开启,沼气路径才会开通。另一个是水路径,水路径上有冷水开关和热水开关,只有这两个开关同时打开,水路才会开通。

热水器有两种工作模式。一是当有一定压力的水接通后,水气阀内的沼气开关开启,供给沼气,热水器正常工作;不供给水,热水器不工作。也就是说,停水时热水器不工作。二是当沼气接通后,燃烧正常时,火焰探针探测到燃烧火焰,沼气电动阀开启,供给沼气,热水器正常工作;无燃烧火焰,热水器不工作。也就是说,停气时热水器不工作。使用热水器时有两个调节,一个是沼气调节,另一个是水温调节。沼气旋钮开关和水温旋钮开关的调节只是改变气路和水路流通截面积的大小,不起开启或切断作用。

在热水器点火启动时,打开开关,接通沼气,开启热水开关和冷水开关后,水路开通。当水从冷水进口进入水气阀时,在水压的作用

第三章 沼气输配系统的安装与使用

下,水气阀内的薄膜带动阀杆向左移动,开启水气阀内的沼气开关,开通水气阀中的气路,同时推压微动开关的触片,接通微动开关。微动开关接通后,使脉冲点火控制器电源接通,电子脉冲点火控制装置受预设程序控制实现三个功能:第一是产生连续点火电火花,即脉冲点火控制器产生的高压电通过点火导线,在点火针和燃烧器喷嘴的最近距离之间形成脉冲放电,产生连续的电火花(10~15秒)。第二是提供点火沼气,脉冲点火控制器的电源一接通,就会开启沼气电动阀,并在点火过程中始终开启。从沼气进口进入的沼气经过沼气电动阀和水气阀内沼气开关的沼气路径,从燃烧器的喷嘴喷出,立即被连续的电火花点燃。第三是完成火焰熄灭保护装置工作,脉冲点火控制器的电源一接通,脉冲点火控制器火焰探测线路就接通。只要火焰探针探测到燃烧火焰,脉冲点火控制器就继续保持沼气电动阀开通,保证燃烧供气;如果火焰探针探测不到燃烧火焰,脉冲点火控制器就关闭沼气电动阀,关闭气路。点火过程完成后,燃烧进入正常工作状态,水从冷水进口进入,从冷水出口流出,经过水盘管后被加热,从热水出口出来。

使用过程中,如果停水,或者水压力不足,水气阀的阀杆将向右移动复位,关闭水气阀内的沼气开关,切断气路,同时微动开关被断开,脉冲点火控制器电源被切断,热水器停止工作。

在使用中,当转动沼气旋钮开关时,改变了沼气路径的流通截面积,这样可以调节沼气量的大小。当流通的水量衡定时,如果沼气流通的截面积增大,沼气量增多,水温将升高;反之,沼气量减少,水温下降。当转动水温旋钮开关时,改变了水路径的流通截面积,水流量随之改变。当燃烧的沼气量衡定时,如果水的流通截面积减小,水量减少,水温将升高;反之,水量增多,水温下降。

(3)沼气热水器的安装

①热水器严禁安装在浴室内。热水器应安装在有良好的自然通

风和采光的单独房间内。

②安装热水器的房间高度应大于2.6米。房间必须有进、排气孔,其有效面积不应小于0.03米^2,最好安装有排风扇。房间的门应与卧室的门、客厅的门隔开,且房间的门、窗应向外敞开。

③热水器应安装在操作方便且不易被碰撞的地方。

④热水器的安装高度以热水器的观察孔与人眼高度平齐为宜,一般距离地面1.5米。

⑤热水器应安装在耐火墙壁上,后盖与墙的距离应不小于2厘米;如果安装在非耐火材料的墙壁上,应加隔热板,隔热板的外壳应比热水器的外壳长10厘米。

⑥热水器的燃气管道、供水管道最好采用金属管道。如采用软管,气管应用耐油管;水管应用耐压管。进气管、进水管与软管用管箍连接并紧固。

⑦热水器的上部不得有电力照明线、电器设备和易燃物品等。

⑧热水器应设置单独烟道,如需要共用烟道,共用烟道的排烟能力和抽力应满足要求。

⑨热水器的烟道系统上不得设置挡板等增加阻力的装置。烟道上部应有不小于0.25米的垂直上升烟道。水平烟道的总长应小于3米,且应有1‰的坡度坡向热水器。烟道的直径不得小于热水器烟气出口的直径。烟道应有足够的抽力和排烟能力。

⑩烟囱出口的排烟温度不得低于露点温度。烟囱出口设置风帽,防止雨雪进入。

(4)沼气热水器的使用　使用前应仔细阅读说明书,并按规定的程序操作。首次使用时,打开冷水阀和热水阀,让水从热水出口流出,确认水路畅通后,再关闭后制式热水阀,打开气源阀,然后再点火启动。

①点火启动。将燃气阀向里压,在"点火"位置停留10~20秒后

第三章 沼气输配系统的安装与使用

再松开,当手松开时,如果常明火熄灭,应重复上述动作。常明火点燃后,继续将燃气阀逆时针旋转至"大火"标记处,热水器便处于等待工作状态。打开水阀,主燃烧器即自动点燃,热水器便开始工作。

②水温调节。水温调节阀上标有数字,数字大表示水温高,同时可控制燃气阀开度调节水温。

③熄火关闭。关闭水阀,主燃烧器熄灭,常明火仍点燃;再次使用,将水阀打开,热水器开始运行。长时间不用应将燃气阀关闭,这时常明火也熄灭。

(5)沼气热水器的使用注意事项

①沼气热水器只能使用沼气,其他气体严禁使用。

②热水器必须在水压、燃气压和燃气量达到使用要求时,才能使用。

③严禁自行拆卸、修理热水器。

④热水器必须安装烟道(国家规定水流量在5升/分钟以上的热水器必须设置烟道),以将废气排出室外,确保使用者的人身安全。使用时如果不能保证新鲜空气的及时补充,热水器会因为氧气燃烧不完全,导致一氧化碳排放量迅速增加,并形成恶性循环,可能引发安全事故。

⑤热水器的负荷大,用气量一般是灶具的4倍以上,而且耗氧量大。正常工作的大流量热水器(如10升/分钟)使用1小时,大约要耗氧10米^3。若在密闭空间内使用过久,使用者也可能非中毒性缺氧昏迷,所以使用热水器的时间不宜过长。

⑥如果热水器的安装位置选择不当,会使燃烧废气进入浴室、卧室或人经常停留的场所,造成中毒事故。所以严禁将热水器安装在浴室内,使用时应保持室内通风。如果热水器与易燃、易爆的物品距离不够远,一旦发生故障,就会损坏设备,甚至引起火灾事故。

⑦当电池电压偏低,不能产生电火花点燃沼气时,应及时更换。

⑧热水器较长时间不使用,应将电池取出。

⑨热水器若在低于0℃以下的房间内使用,使用后应立即关闭冷水开关,打开热水开关,并将热水器内的水全部排掉,以防冻结损坏热水器。

⑩在使用热水器的过程中,若发现热水开关或冷水开关关闭后,燃烧器仍不熄灭,应立即关闭燃烧阀,并报相关部门检修。

⑪不使用热水器时,要关闭燃气管道上的开关。

⑫国家燃具安全使用规定,禁止使用直排式燃气热水器。烟道式、强排式热水器的使用年限一般为6年,到期后,用户应及时更换。

(6)沼气热水器的日常维护保养

①经常清洁沼气热水器的外表面。

②清洁外表面时,只能用中性洗涤剂擦洗,不能用柴油、汽油等清洗。点火针有污物、积炭时,用毛刷或小刀轻刮,切不可自行拆卸,以免造成移位、变形等。

(7)沼气热水器的常见故障诊断与排除

沼气热水器常见故障的原因及排除方法见表3-11。

表3-11 沼气热水器常见故障的原因及排除方法

故障现象	故障原因	故障排除方法
点不着火	①沼气开关未打开 ②电池电压不足 ③水的压力不够,微动开关未接通,导致脉冲点火控制器电源未接通 ④点火导线和点火针有问题,如点火针尖不干净,点火导线孔与点火针接头的连接松脱 ⑤点火针变形或与燃烧器喷嘴之间的放电间隙不符合要求	①打开沼气开关 ②更换电池 ③水压必须符合要求才能使用,可以安装高水位的水箱或增压泵 ④将点火针尖清理干净,将点火导线孔与点火针紧密连接 ⑤校正点火针,将放电间隙调整到符合要求的位置
燃烧火焰不稳定	燃烧不畅,排烟系统及烟道局部堵塞	清除堵塞物

第三章 沼气输配系统的安装与使用

续表

故障现象	故障原因	故障排除方法
燃烧火力不足	①水压不稳定,突然降低 ②停水 ③停气 ④火焰探针与连接导线连接松脱,或火焰探针损坏	①检查水源压力,水压必须符合要求才能使用,可以使用高水位的水箱或增压泵 ②寻找原因,恢复供水 ③寻找原因,恢复供气 ④将火焰探针与连接导线紧密连接,或更换火焰探针
关闭冷水或热水开关后,燃烧火焰不熄灭	水气阀失灵,水气阀中的薄膜未带动阀杆移动,没有关闭沼气电动阀切断气路	这是非常严重的问题,必须立即停止使用热水器,并请专业人员检修
水温过低	①环境温度过低,沼气量不足,超过热水器供热能力和使用范围 ②沼气量适当,但水量过多 ③水量适当,但沼气量偏少	①暂停使用热水器,等环境温度升高和沼气量增加,达到热水器使用范围时再使用 ②调小水温旋钮开关的开启度,减少水量,调高水温,直到水温合适为止 ③调大沼气旋钮开关的开启度,增加沼气量,直到水温合适为止
水温过高	①沼气量适当,但水量过少 ②水量适当,但沼气量偏多	①调大水温旋钮开关的开启度,增加进水量,调低水温,直到合适为止 ②调小沼气旋钮开关的开启度,减少沼气量,直到水温合适为止
水温不稳定	气源不稳定	应在沼气的压力稳定、气量充足的时候使用
打开热水开关,不出热水	①冷水开关未打开 ②水压过低,气路未打开,燃烧器未工作	①打开冷水开关 ②暂停使用
只出冷水	水压过低,气路未打开,燃烧器未工作	暂停使用

· 91 ·

第四章
沼气池的启动与管理

一、沼气池的快速启动

1. 影响沼气池快速启动的因素

(1)温度 温度是影响沼气发酵产气的重要外因。在 10~60℃ 的范围内,沼气均能正常发酵产气。低于 10℃ 或高于 60℃ 时都会严重抑制微生物(产甲烷菌)生存、繁殖。在这一温度范围内,温度愈高,微生物活动愈活跃,产气量愈多。农村户用沼气池靠自然温度发酵,属于常温发酵。在 10~26℃ 范围内产气最好。

(2)料液浓度 料液浓度是指料液中干物质含量的百分比,也就是猪粪、牛粪、马粪占总料液的比例。沼气池内发酵料液浓度随季节的变化而要求不同。一般在夏季,发酵料液浓度可低些,要求浓度在 6% 左右;冬季浓度应高些,为 8% 左右。发酵料液的浓度太低或太高,对沼气的产生都不利。因为浓度太低时,即含水量太多,有机物则相对少,会降低沼气池单位容积中的沼气含量,不利于沼气池的充分利用;浓度太高时,即含水量太少,不利于沼气微生物的活动,发酵料液不易分解,使沼气分解受到阻碍,产气慢而少。

(3)接种物数量 接种物是人工制取沼气的内在因素,在新建的沼气池中加入丰富的接种物可以很快地启动发酵,而后又使其在新的条件下繁殖增生,不断富集,以保证大量产气。接种物主要来源于沼气池、池塘底部、阴沟、积水粪坑、屠宰场下水道、酿造厂、豆制品厂等。一般新建沼气池中加入的接种物量应为总投料量的10%～30%。

(4)酸碱度 沼气微生物的生长繁殖要求发酵原料的酸碱度保持中性或偏碱性(即 pH6.5～7.5),过酸、过碱都会影响产气。资料表明:pH 在 6～8 之间,均可产气;以 pH 在 6.8～7.5 时,产气量最大;pH 低于 4.9 或者高于 9 时,均不产气。

(5)发酵原料 沼气发酵原料是沼气微生物赖以生存的物质基础,也是沼气微生物进行生命活动的营养物质。沼气发酵原料按其营养成分分为富氮原料和富碳原料两类。富氮原料通常是指富含氮元素的人、畜和家禽粪便,是构成沼气微生物躯体细胞质的重要原料,在进行沼气发酵时,容易厌氧分解,产气很快,发酵期较短;富碳原料通常是指富含碳元素的秸秆和秕壳等农作物和残余物,不仅构成沼气微生物细胞质,而且提供生命活动的能量,厌氧分解速度比富氮原料慢,产气周期较长。

发酵原料的碳氮比不同,产气情况也不同。营养学的代谢作用表明,沼气发酵细菌消耗碳的速度比消耗氮的速度要快 25～30 倍。因此,在其他条件都具备的情况下,碳氮比例配成(25～30):1 可以使沼气发酵以合适的速度进行。如果比例失调,就会使产气和微生物的生命活动受到影响。

2.沼气池快速启动技术

(1)原料 备足发酵原料。一口 8 米³沼气池,装料率按 85%、料液浓度按 4%～6%计算,需要鲜猪粪 2.9～4.4 米³或鲜牛粪 2.27～3.4 米³。另外,沼气池在使用过程中要勤进料、勤出料。原料来源:一是自备原料,用自家的猪、牛、羊粪;二是用猪场或牛场畜粪,使用前一定要了解最近是否消过毒,刚消过毒的粪便不能使用。

(2)原料堆沤 地面铺上塑料薄膜,将肥料与接种物拌匀分层洒水,其加水量以洒湿畜粪、底部不流水为宜。要防止发酵原料在堆沤时因温度过高而炭化。目前一般堆沤时间为2~3天。

(3)加入足够的接种物 由于发酵原料的来源、种类不同,所以发酵原料中的甲烷菌数量差异很大。因此,加入足够的接种物是保证沼气池快速产气的重要条件之一。新池装料应加入的接种物量为料液总量的10%~30%。

(4)加水量 一口8米^{3}沼气池,鲜猪粪需加水2.4~3.9米^3,鲜牛粪需加水3.4~4.5米^3。加入沼气池的水最好是经阳光晒过的温水。

(5)调节好料液的酸碱度 将料液调节至中性,如料液偏酸性,可加入适量的石灰水;如料液偏碱性,可加入适量的人粪尿或动物尿。

二、沼气池的运行管理

1.沼气原材料的预处理

(1)铡碎或粉碎 用作发酵原料的秸秆,一般要求将长度铡碎至短于6厘米,以便于进料和出料的管理。铡碎也破坏了秸秆表面的蜡质层,增加了原料和沼气发酵微生物的接触面,提高了原料的分解率。经过粉碎的秸秆,产气率一般可提高15%~20%。

(2)堆沤处理 经过堆沤处理的秸秆,表面蜡质受到了破坏,也适当降低了碳氮比,便于沼气池的启动,可以加快秸秆的分解。秸秆堆沤后入池是提高产气量和加速产气的重要保障。堆沤的方法通常可分为池内堆沤和池外堆沤两种。池内堆沤的操作过程为:首先把铡好的秸秆用粪水拌匀,然后投入沼气池中,最后在沼气池内进行堆沤;池外堆沤的操作过程为:首先将铡好的原料加适量粪水拌匀,然后加入适量水,加水量以不溢出为准,最后盖上塑料薄膜进行沤制。这两种方法的堆沤时间相似,气温在15℃左右时,通常堆沤4~5天;

第四章 沼气池的启动与管理

气温在20℃以上时,通常堆沤2～3天。

采用堆沤方法预处理原料,要注意堆沤时间不宜太长,以避免造成原料的损失。在堆沤时,按秸秆的重量加入1%或2%的澄清石灰水,可加快秸秆的腐烂。

另外,在我国北方地区的农村,由于气温较低,宜采用坑式堆沤方法来处理秸秆。通常采用的方法是:首先将秸秆铡成3厘米左右的小段,堆厚30厘米左右,踩紧,均匀泼2%的澄清石灰水,加10%的粪水。也就是100千克秸秆,用2千克澄清石灰水,10千克粪水。按照这种方法铺3～4层,堆好后用塑料薄膜覆盖,堆沤半个月左右,便可以作为沼气发酵的原料。在我国南方农村,由于气温较高,用上述方法可直接将秸秆堆沤在地上。

2. 投料与启动沼气池

(1)投料 先打开活动盖板,拔掉导气管上的输气管,然后将已经准备好的接种物和发酵原料从活动盖口和进、出料口投入,且铺平,再装入牲畜粪便和人粪尿。投入的发酵原料通常为一般沼气池总有效容积的一半。

(2)加水密封 发酵原料在池内堆沤1～2天,使发酵原料的温度上升到40℃以上时,就可以加水密封。水要加到气箱顶部,直至沼气池内的空气全部排出。然后将活动盖板封好,接上导气管,装料即完成。

水密封及装料完成后,从出料口导出气箱内的部分水,以便存气用。若水没有装满气箱,池内存有空气,在产气时就会出现不易点燃的情况,需连续放气,直至池内空气放完为止。

沼气池装水密封后,若为高温天气,需2～3天密封期(一般天气需4～5天)。要注意发酵原料pH的变化。开始时,由于有机酸的积累,pH会下降。pH一般不小于6时就不必调整,随着发酵的进行,有机酸会逐渐被利用,pH则逐渐回升,且达到相对稳定的状态。

(3)放气试火　发酵开始时,由于发酵液溶解了一定量的空气,同时酸化菌群活动会产生二氧化碳,所以开始一两天,虽然产气量较多,但由于气体中含甲烷量较低,不能点燃。通常在气压表水柱上升到 3922.21～5883.6 帕(即 40～60 厘米水柱)时,需放气试火。放气 2～3 次后,随着气体中甲烷含量增加,所产生的沼气即可点燃使用。需要注意的是,放气试火应当在炉具或者灯具上进行,切忌在沼气池进、出料口附近或导气管上进行,以防回火引起爆炸。

(4)启动后进入正常运转管理　当产气进入旺盛期,每天产气量基本稳定,沼气池内的沼气菌微生物已达到高峰,甲烷菌和产酸菌活动已趋于平衡,酸碱度也比较适宜,这时沼气发酵的启动阶段全部完成,开始进入正常的运转阶段,需进行正常的日常管理。

3.沼气池的换料管理

(1)每年 1～2 次大换料　为了满足沼气细菌的新陈代谢和农业生产对肥料的需要,必须做到发酵原料的不断更新,以解决农业生产用肥的问题。因此,使用秸秆进行沼气发酵的沼气池,根据季节用肥的需要,每年需大换料 1～2 次。单纯使用猪粪进行发酵的沼气池,不需进行大换料。大换料必须与农时季节用肥结合起来,这样才可解决农村用气和用肥的矛盾。

大换料需要安排在春季和秋季气温较高的时期进行,以满足春季和秋季农时用肥的需要。大换料时,要安排好劳动力,备足发酵原料。

大换料时要做到以下几点:

①大换料前 20～30 天停止进料。这样不仅可以避免发酵原料浪费,还可以将积存下的原料供大换料时使用。

②备足发酵原料。等出料后,立即投入新的原料。

③留足菌种。大换料时,要清除沉渣,留下原发酵原料 10％～30％的悬浮污泥(也就是活性污泥)作为接种物。

第四章 沼气池的启动与管理

④出料避免池内负压。出料时,要打开集水瓶处的开关通气,防止池内出现真空。一旦出现真空,就会导致压力表内水柱倒入输气管内,且会造成池内粉刷层脱落,密封性变差,甚至导致沼气池泄漏,造成很大的损失。所以,从出料间往外抽渣或者取沼液时,一定要看好压力表,气压下降至1千帕时就要停止抽取。若确实需继续抽取,就要从导气管或者集水瓶处拔掉输气管,让空气进入沼气池,或者采取出多少料就进多少料的方法,使池内液面保持平衡,这样就可以避免池内出现真空。

⑤迅速进料:出料后,需迅速对沼气池进行检修,在检修完后立即投料装水。沼气池都是建在地下,在装料时,沼气池内外压力相平衡;出料后,料液对池壁压力为零,失去平衡。这时,地下水的压力容易损坏池壁和池底,形成废池,特别是在雨季地下水位高的地方,出料后更需立即投料装水。

(2)经常小进料与小出料 除了定期大换料外,更重要的是要做好平日的沼气发酵原料小出料和小进料,以满足沼气菌生活所必需的原料,以利于沼气菌的新陈代谢,同时也可以满足农时的平日用肥需要。所以,就必须做到勤出料和勤加料。

小出料和小进料多少及时间,要根据各地的实践而定,一般5~10天,进出料量占发酵原料的3%~5%最适宜,也可按产1米³沼气,进干料3~4千克计算。加入的发酵原料的量(即小进料量)可以按以下公式计算:

$$平均每天进料量 = \frac{每天产气量(升)}{每千克干物质产气量(升) \times \frac{2}{3}}$$

若一个沼气池每天产气量1.5米³(1500升),假定以麦秸作为原料,每千克麦秸干物质产气量按500升计算,每天可以加入干物质4.5千克。若麦秸含水率为10%,则加入麦秸5千克。

"三结合"的沼气池,因为猪粪尿和人粪尿不断地流入沼气池作发酵原料,所以要定时出料。出料后,也要添加发酵原料和水,以保持发酵原料的浓度。

小出料和小进料,需要注意以下三个问题:

①要做到先出料、后进料。出、进料量要相等。

②出料时,要保证料液不低于进出料口的上沿,以防止沼气逸出。

③进出料后,发现进出口的液面降到低于进出口的上沿,需立即加入适量的水,再用水封好。

4.沼气池的搅拌管理

(1)沼气池内发酵原料的层次　农村水压式家用沼气池,发酵原料在静止的状态下,一般可分为三层:

①上层是浮渣层,发酵原料较多,但沼气菌少,原料没有得到充分利用。若浮渣层太厚,就会影响沼气进入气箱。

②中层是发酵液层,水分多,发酵原料少,沼气菌也少。

③下层是发酵沉渣层,发酵原料多,沼气菌多,是沼气产生的重要部位。

由于发酵原料存在三个不同层次,若不经常进行搅拌,发酵不均匀就会对沼气的产生有很大影响。有的沼气池发酵原料很足,但是产生的沼气很少,一个很重要的原因就是发酵原料上层形成浮渣层的结壳,影响沼气进入气箱,导致沼气池的产气率降低。因此,经常搅拌发酵原料,是提高产气率一项很重要的措施:

(2)搅拌沼气池内发酵原料的作用　经常搅拌沼气池内的发酵原料是提高产气率的重要措施:

①促进发酵原料与沼气菌充分接触,使沼气菌均匀分布;促进沼气菌的新陈代谢,以达到提高产气率的目的。

②使附着在浮渣层的沼气通过搅拌上升到气箱内。

③搅拌可以防止浮渣层的形成及结壳。

④搅拌可以不断更新沼气菌的生活环境,有利于沼气菌获得新的养料。

需要指出的是,只有在发酵原料充足的情况下,经常搅拌才可以提高产气率。若沼气池长期不出料、不进料,搅拌作用不大。

(3)农村家用沼气池的搅拌方法 农村家用沼气池通常都没有安装搅拌装置,因此,通常采用以下两种方法搅拌:

①采用长棍或其他用具。在出料口安装抽渣长柄器,从出料口(或进料口)插入池内,来回用力抽动数次,以达到搅动池内发酵原料的目的。

②从出料口排出一定数量的发酵液,再从进料口把原发酵液冲入池内,这样也可以起到搅动池内发酵原料的作用。

5.沼气池的酸碱度管理

沼气池内的发酵原料酸性过大($pH<7$)或者碱性过大($pH>8$),对沼气菌的活动都是不利的,要经常用比色板或者酸碱度试纸检查。在沼气池启动时,一次投料过多或者投入接种物不足,都会使酸化速度超过甲烷化速度,从而造成挥发酸大量积累,使 pH 下降到5.5以下,这样不利于沼气菌活动,使产气受到影响。通常需要采用以下五种方法进行调节,每次调节可采用其中一种方法。

①取出部分发酵原料,再补充同等数量或者稍多些的新鲜富氮有机原料(如人畜粪便)和水,使发酵原料的浓度低一些。

②加入适量的草木灰,且搅拌均匀。

③加入人畜粪尿拌草木灰的混合料,这样不仅可调节 pH,还可提高产气率。

④适当多加些接种物。

⑤加入石灰,调节 pH,但是要使用得当。不可以直接加入石灰,要加石灰的澄清液,加入的石灰水要与发酵原料搅拌均匀,避免强碱区沼气菌活动受影响。在加入石灰水时,需要用酸碱度试纸,检查发

酵液的pH。

在沼气发酵启动1个月以后,有机物质消耗过多,若不补充原料,会使pH逐渐上升,当pH大于8时,发酵原料碱性过大,也会影响沼气菌活动。这时应向池内加入一些新鲜马粪、牛粪和青草,且加水调节料液的浓度。

三、沼气池的安全管理

沼气池的修建、维修、日常管理和使用都必须注意安全。沼气和煤气、天然气一样易燃易爆。沼气中含有少量硫化氢、一氧化碳等有毒气体。它们扩散速度很快,当空气中混有一定数量的沼气,人畜吸进后会麻醉,严重的会中毒死亡。

1.安全施工建池,防止工伤事故

建池时应该严格遵守操作规程,严防事故的发生。

(1)**防止塌方** 挖地坑时,要根据土质情况,使坑壁有一定的坡度,不能倒坡,土质不好的池坑要采取加固措施,避免塌方。在坑边1米范围内不堆放重物。雨季施工一定要采取排水措施。挖出的松土要远离池子,防止建池人员脚踩松土,滑入坑内。

(2)**防止塌顶** 刚砌好的池顶,不准堆放重物,要及时覆土,使池顶均匀受压。施工人员在上面行走一定要轻,小心作业。池内的施工人员要注意落物。采取漂砖起拱法施工削球盖时,一定要注意砖与砖之间砂浆饱满、砖尖挤拢,最后两块砖之间要用坚硬片石尖挤紧。若在刚起拱完的球盖上浇筑砼,要从边上均匀地往盖中心依次施工,用砖做拱模砌筑和粉刷沼气池内壁时,池下人员要戴安全帽,池上人员不得撞击拱顶或在拱顶上放重物。为操作安全起见,拱顶上方可搭牢固木架。

容积在8米³左右的沼气池,用混凝土浇铸后在标准条件下(温度20±3℃、相对湿度90%以上)养护,使其强度达70%以上(一般7

昼夜），方可拆模。拆模前拱顶外应均匀轻轻覆好土，拆除时需小心谨慎，池内人员同样要戴安全帽。模板或砖拿出池子后要及时运走，不得集中堆拱顶上，以防因过重压塌、压损未达到保养期的拱顶。

（3）**防止跌伤** 要文明施工，材料堆放要整齐，操作位置要合理，行有路，上下有梯凳，及时清理碎砖、落地灰，并合理利用。做到工完场清、安全省料。池边要有路障，防止人畜入内。工作台架要搭设稳固，架上负载不能太大，以免施工人员跌伤。未完工的沼气池四周要设警示标志，拉警示绳。完工的沼气池进、出料口一定要加盖混凝土预制板或石板，进、出料口打开时，切勿让小孩在池边玩耍，进、出料口要立即盖好盖板，以防人、畜掉入池内。弃之不用的病态池应立即填埋。若仍作为粪池使用，一定要用混凝土预制板或石板盖好进、出料口和活动盖口。

（4）**防止中毒** 严禁用焦煤、木炭烘烤池壁，防止发生缺氧或煤气中毒。

2. 安全用气管理，防止火灾爆炸事故

日常管理时，特别是在试水试气、进料和出料的时候，要随时注意观察水柱压力表上的水柱变化。如进料速度太快，倾倒过猛，压力骤然增大，会使池体胀裂，这时应打开导气管放气，减慢进料速度。一般大量进料和出料时都要将导气管打开。

禁止在沼气池出料口或导气管口点火，以免引起火灾或造成回火致使池内气体爆炸，破坏沼气池，甚至造成事故。

灯、灶具附近不要堆放易燃物品。沼气灯是悬挂在棚顶上的，吊灯光源中心距顶棚高度以 75 厘米为宜，距室内地面为 2 米，距电线为 1 米。点燃或关闭灯、灶具时，应将开关扭紧，以防沼气扩散到室内。一旦发生火灾，应关闭开关，或将输气管从导气管上拔掉，截断气源。

在使用沼气的房屋内，嗅到较浓的臭鸡蛋味时，应立即将门窗打

开,流通空气,排除沼气,查找跑气的原因,及时修复。

沼气阀门应安装在安全的位置,稍高一点,以防小孩打开。用气后要及时关闭阀门,以防沼气在室内扩散,引发火灾。要经常检查输气管、阀门及其附件有无漏气现象,如发现输气管等被损坏,应及时更换。火种不能靠近输气管,以防管道漏气引起火灾。

发现燃烧不正常时,应调节风门来控制。空气适量时,火焰呈蓝色,稳定、透明、清晰;空气不足时,火焰发黄而长;空气过量时,火焰短而跳跃,并出现离焰现象。

使用过程中,火焰被风吹灭或被水浇熄时,应立即关闭气阀,打开窗口疏通空气,此时应严禁一切火种进入室内,并关闭所有电源开关,以免引起火灾。

新建沼气池或新投料沼气池刚产生一些气时不能使用电子脉冲点火,因新池产生沼气过程中还有相当一部分空气和杂气,甲烷含量低。此时应把炉具风门调小,用明火点燃,沼气池产气正常后才能用电子脉冲点火。

在输气管道最低的位置要安装凝水瓶,以防冷凝水聚集结冰堵塞输气管道。夏季气压太高时要适当放气,以防胀坏气箱,冲坏压力表。

3.安全维护检修,防止中毒窒息事故

大出料或下池检修时,应先将输气管拔掉,打开活动盖,将原料出到进料口或出料口以下,敞开几天,使里面空气流通。也可以采取向池内鼓风的办法,加速排除池内余气,无活动盖的池子多通风几天,然后用小动物(小鸡、兔等)放入池内试验,证明池内气体对动物无害后,人方可入池。人下池时要系上安全保护绳,池上要有人看守,万一池下的人感到不舒服,立即吊出,严禁单人操作。

确实需要进入沼气池检查、检修时,应尽量将沼气池内的发酵液用污泥(水)泵抽掉。为减少池内沉渣量,可在用污水泵抽粪时,将泵

出水管倒向进料口,冲动沉渣,以便于污水泵抽提。

检查、维修沼气池时,入池后严禁吸烟,更不能把油灯、蜡烛等明火带入池内。池内照明最好用手电筒或电灯,以防点燃池内残留沼气,发生烧伤事故。

池内严禁放入含磷的物质(胡麻油饼、骨粉、磷矿粉等),因为这些物质在绝对厌氧条件下能产生剧毒气体磷化三氢,使人中毒死亡。

人在池内工作或下池后,若缺氧或中毒昏倒,应立即把人从池内抬出,放在空气流通的地方。若呼吸停止,应进行人工呼吸,做心脏按摩,同时立即送入医院进行急救。下池抢救人员用安全绳系好后再下池,入池前要进行呼吸训练,嘴含通气管,管一端放在池外,动作要迅速,切忌慌张,否则会造成连续中毒。

4. 事故急救防护措施

沼气人员中毒后应迅速撤离现场,转移到空气新鲜处,脱去污染衣物。对呼吸、心跳停止者立即进行胸外心脏按压及人工呼吸(注意:发现有肺水肿者,不准做人工呼吸,忌用口对口人工呼吸法,万不得已时,与病人间隔以数层水湿的纱布后再进行)。呼吸困难应输氧,有条件的地方及早用高压氧治疗。要尽快将患者送入医院接受治疗。

第五章
沼气池故障排除与维修养护

一、沼气池本身常见故障与排除

1. 故障一

现象：沼气压力低时，压力表水柱上升快；沼气压力高时，水柱上升慢；当到一定的压力时，就不再上升。

原因一：

①沼气池漏气与沼气压力成正比。沼气压力低时，漏气减少，沼气压力表上升；沼气压力升高时，漏气增加，升高到一定压力的时候，漏气与产气相等，就不再上升。

②沼气池气箱与发酵间连接处有漏气，当料液淹没漏气处时就不漏气。当沼气料液下降后，漏气处露出液面，又出现漏气现象。

故障排除方法：检查和判断是漏气还是漏水。可以将池顶导气管打开，在水压箱的上位线画上记号，若水位下降说明漏水，若下降很少或者不下降，则说明气箱漏气，必须把发酵原料清出进行维修。

原因二：当产气增多时，发酵液面与进出料管下口持平，沼气则从进出料口溢出。

故障排除方法：增加发酵原料并提高水位，使池内发酵液面升高，保持零压液面的稳定。

第五章 沼气池故障排除与维修养护

2.故障二

现象:开始产气正常,以后产气则压力表水柱明显下降或不上升,关上开关,压力表水柱不动。

原因:沼气池漏气或者活动盖漏气。

故障排除方法:首先检查活动盖是否漏水,若不漏水,就一定是沼气池漏气,要清池维修。

二、沼气发酵原料常见故障与排除

1.故障一

现象:新建沼气池,加料后很久不产气,或者产气点不着火;开始产气正常,加料后不仅不产气,进、出料口也不冒泡。

原因一:温度太低,加入的水过冷。

故障排除方法:原料先堆沤发热,加入太阳晒过的水。

原因二:发酵液变酸。

故障排除方法:用 pH 试纸检查确认后,用石灰水或者草木灰中和。

原因三:没加接种物。

故障排除方法:加入接种物,如活性污泥、沟底污泥或者老沼气池的发酵原料。

原因四:沼气池中的发酵原料含有有毒物质。

故障排除方法:重新换料。

2.故障二

现象:发酵原料充足,产气不多,进出料常常翻冒气泡。

原因:上层浮渣层结壳。

故障排除方法:用木棒从进、出料口搅拌,打破结壳。

3. 故障三

现象：大换料 3 个月后，产气越来越少。
原因：原料不足。
故障排除方法：添加新料。

三、沼气用具常见故障与排除

1. 故障一

现象：压力表水柱虽然高，但是气很快烧光。
原因：水压箱体积太小。
故障排除方法：增加一个水压副箱，以扩大水压箱的体积。

2. 故障二

现象：压力表水柱虽高但是火力不足。
原因一：空气未调节好。
故障排除方法：打开阀门，调节炉具的调风板，使空气进入适当。
原因二：沼气中甲烷含量太低，发热量小。
故障排除方法：注意调节好发酵原料的 pH，添加含甲烷量较高的原料。

3. 故障三

现象：燃烧时出现红火焰，且无法调节。
原因：沼气中二氧化碳含量过高，发酵原料偏酸性。
故障排除方法：加石灰水或者草木灰中和。通常经过一段时间后，红火焰就会自动消失。

4. 故障四

现象:燃烧时,阵发性冒红火。

原因:炉具内有灰尘。

故障排除方法:对灰尘进行清理。

5. 故障五

现象:沼气灯很难白炽化,或只有半边亮。

原因:纱罩的质量不好,开始烧成灰时就没烧好,或是灯具喷嘴不正。

故障排除方法:重新换个纱罩和喷嘴,且注意纱罩一开始就要烧好。

6. 故障六

现象:沼气压力表水柱虽然较高,但是火力一直不大,燃烧缓慢。

原因:开关、三通管道的内径不合格。炉具离沼气池太远,达不到额定压力。

故障排除方法:更换管件,且适当加大管径,或就近储气。

四、沼气池的维修

1. 沼气池的正常维修

为了延长沼气池的使用年限,得到更多的经济效益,即使是使用正常的沼气池也要定期维修。通常,维修与每次大换料同时进行,大出料后,在池体内壁用高强度等级的水泥粉刷2～3遍。

2. 沼气池池墙裂缝的处理

处理沼气池池墙裂缝时,将裂缝凿宽、凿深,凿成 V 字形,周围拉毛,清除碎屑,刷上一道素水泥浆,然后用1:2的水泥砂浆嵌实、抹光。例如V形槽较浅,修补后的表面可比周围略高,然后再刷两遍素水泥浆。

3.沼气池池墙与池底连接处裂缝的处理

处理沼气池池墙与池底连接处裂缝时,需先将裂缝凿开一条宽3厘米、深3～5厘米的沟槽,清洗掉松动的混凝土和灰尘,刷一遍素水泥浆,然后用C20细石混凝土将沟槽补平压实,最后继续用混凝土将池墙与池底连接处浇筑成圆角,压实抹光,使其加固。

4.沼气池池底沉陷的处理

处理沼气池池底沉陷时,需挖去开裂破碎的部分,清除松软土基,用碎石或者块石填实,并在填层上浇筑C20混凝土,厚5厘米,表面粉刷1:2的水泥砂浆一遍。注意修补面要大于损坏面。

5.沼气池拱顶与圈梁裂缝的处理

处理沼气池拱顶与圈梁裂缝时,应去掉拱顶覆土,直至露出圈梁的外围。拱顶出现裂缝的,应当在内外两面同时按照修补墙壁裂缝的方法进行修补。修补好后,将圈梁外围的泥土夯实,然后再重新填实覆土层。若圈梁断裂,则应先修补圈梁,其方法是:先将圈梁外围凿毛洗刷干净,刷一遍素水泥浆,用C20混凝土在圈梁外围浇筑一圈,加强圈梁,内放HPB235级钢筋2根,待加强圈梁混凝土达到50%以上的强度后,再回填覆土层。

6.沼气池粉刷密封层的处理

对成片损伤,如翘壳、脱落、龟裂等的病态池进行修理时,应当将损伤部位铲净凿毛,再采用五层抹面水泥砂浆对其进行密封层的粉刷。第一层为素灰层,先抹上1毫米素水泥浆作为结合层,用铁抹子来回压抹几遍,然后再用 1 毫米素水泥浆抹平,并用毛刷将其表面拉成毛纹。第二层为水泥砂浆层,配合比为 1:2.5,厚度为 4.5 毫米。第二层做完后,隔 1 天抹上第三层,上素水泥浆,厚度为 2 毫米。接着抹第四层水泥砂浆,厚度为 4～5 毫米。待砂浆有点潮湿,但不黏手时做第五层,用毛刷依次均匀刷素水泥浆一遍,待稍干后,表面压光即可。

7. 沼气池漏水的处理

对漏水孔进行处理,可以采用水玻璃拌制的水泥浆进行堵塞。水泥、水玻璃配合比为 1:0.6。随配随用,把水泥胶浆堵塞在漏水孔中,压实数分钟,结硬即可堵住。

8. 沼气池活动盖边缘漏气的处理

沼气池活动盖边缘漏气是一个比较难解决的问题,它直接影响沼气池的产气效果。造成活动盖边缘漏气的原因主要是用于连接的黏土等填塞物有孔隙,或是因为活动盖重量产生的压力小于池内沼气的压力,活动盖过重,不利于操作。对于活动盖边缘漏气,可综合采用以下方法解决:

①用水泥、石灰膏、细沙按 1:1:7 制成混合砂浆,封闭天窗口与活动盖的结合缝。另外,在活动盖上再增加一定的重量,如 2～3 块厚度为 6 厘米左右、大小与活动盖一样的混凝土盖板。

②对于底层进出料的沼气池,天窗口仅起到通风和采光的作用,天窗口可以设计得小些,采用小面积高重量式活动盖。

③用黏土封堵。采用两种不同含水量的黏土,分别用不同的方法堵塞在不同部位的缝隙中。首先,备好纯净的黏土,先取出一半,根据其含水量,将其调和捶打成柔性黏土,程度以不黏手为准;将另一半黏土自然风干成半干状,碎成小粒,小粒的大小以能装入缝隙为准,待用。在封堵时,首先将柔性黏土搓成圆条,将其均匀地按压在

洗净的天窗口上沿及蓄水圈下沿之间,使之成斜坡形。然后,把洗净的活动盖安放在天窗口正中,用双脚踩活动盖,使其与黏土密接。将输气管与导气管接好,从出料口取出40~80千克的沼液,使池内形成负压,再捣实半干的黏土。将半干黏土分层装入活动盖周围竖缝中,分层用木棒捶打捣实,直到与活动盖的上沿相平。当半干黏土填满约2/3缝隙的时候,用8~10块楔形卵石(或木楔)等距打入缝隙中,使楔形卵石与两壁楔紧。最后,在缝隙上部的黏土上洒少量的水,将表面压平抹光。待封闭后,在表面刷上一层水泥浆,防止黏土向上膨胀。待水泥终凝后,再慢慢地注满水,以防竖缝黏土干裂而漏气。

9. 沼气池漏气部位不明显但漏气速度较快的处理

有的沼气池漏气部位并不明显,漏气速度却较快。对于这样的沼气池,首先可以将进、出料管下口上沿以上的池墙及拱顶洗刷干净并抹干,用素水泥浆排刷一遍;然后再用1∶1.5的水泥砂浆重新抹一次,厚度约3毫米,做到压实、磨光、无砂眼,待干后再用素水泥浆排刷2~3次,或者采用密封剂刷2遍,即可消除故障。

10. 沼气池导气管与活动盖交接处漏气的处理

对于导气管未松动而周围漏气的沼气池,可以将导气管周围内外两面的混凝土凿毛,洗刷干净,刷素水泥浆一遍,然后再用1∶2的水泥砂浆嵌补压实,最后在内外表面刷2遍素水泥浆;若导气管已松动,可以拔出导气管,将导气管外壁表面刮毛,重新灌注较高强度等级的水泥砂浆,且局部加厚,以保证导气管的固定。

11. 沼气池进料管、出料管裂缝或断裂的处理

对沼气池进料管、出料管裂缝或断裂进行处理时,应当将有裂缝或者断裂的管子挖出,重新进行安装。安装前必须在管子的外侧刷

素水泥浆 2~3 遍,填入后在连接处用 C20 的细石混凝土抹平。

12. 沼气池导气管折断的处理

对沼气池导气管折断进行处理时,用手钎在导气管的周围轻轻开凿一个 10~15 毫米深的小坑,使导气管露出即可。用水清洗干净,刷一层水泥浆,就可以接通输气管。若导气管在活动盖上,待灰浆凝固后再加水封闭,用直径 4~6 厘米的钢管保护输气管。

五、沼气池的养护

1. 砌块和混凝土沼气池的潮湿养护

在农村,许多地区建的沼气池通常采用水泥浇筑。由于水泥是一种多孔性的建筑材料,干燥的天气会使其毛细孔开放,易造成漏气,因此必须注意将沼气池长期保持在潮湿的状态下。有的地方把新建的沼气池加上夹层,水封效果很好;有的在沼气池顶部覆盖厚 25 厘米左右的土层,在土层上种花、种菜,以保持沼气池池体湿润。

2. 增加砌块和混凝土沼气池的保潮层

防止沼气池池顶的水分蒸发,可以在池顶打一层三合土(由石灰、黄泥、沙或谷壳组成);有的刷一层柏油;还可以在池顶土层上铺一层粗沙或者煤渣,再加上一层"三合土";还可以在池顶上面铺一层废塑料薄膜,以截断土壤的毛细孔,防止水分的蒸发。要求各种保潮层的覆盖面积要大于沼气池池顶的水平面积。

3. 塑料和玻璃钢沼气池安装的干燥养护

与砌块和混凝土沼气池需要的潮湿养护不同,塑料沼气池和玻璃钢沼气池在安装过程中及刚成形时,必须保持干燥,因为树脂或塑料胶黏剂通常是憎水性的物质,即使存在极少的水也可能引起连接部位的虚黏,达不到黏结强度或者出现微小的孔隙。因此,塑料沼气池和玻璃钢沼气池在安装的过程中必须注意保持各个构件和黏结材料的干燥。

4. 防止空池暴晒

新建造的沼气池经过检查,质量达到要求后,要立即进行投料,切忌空池暴晒。另外,在干旱的季节不宜进行大换料,若农时季节需要较多肥料,必须在大换料前备足新的发酵原料,及时装料,尽量缩短空池时间。若暂时备不足发酵原料,千万不要将沼气池掏空,需加盖养护,以防空池暴晒。

5. 砌块和混凝土沼气池的防腐

由于沼气池内层经常受到沼气发酵原料(一般呈微酸性或者微碱性)的侵蚀,所以沼气池使用几年后,密封层常受到破坏,部分砌筑材料和粉刷的水泥易脱落。这就需在每年大换料时进行抹刷,把池壁的坑凹处抹平,再刷 1~2 遍纯水泥浆,使沼气池恢复密封性能。

第六章
畜禽场沼气与发酵床并用技术处理粪污工程

大中型沼气工程是处理高浓度有机废水、废物,治理环境和生态农业建设必不可少的工程设施,也是农村燃气建设、进行集中供气的必由之路。它以畜禽粪便污染治理为主要目的,以厌氧消化为主要技术环节,以粪便的资源化综合利用为效益保障,集环保、能源、资源再利用为一体,将农、林、牧、副、渔各产业有机地组合在生态农业的良性循环体系之中。

近年来,随着生产的发展,大中型沼气工程发展迅速,不仅应用于农业的畜禽粪便处理,也应用于工业的高浓度有机污水处理,并且沼气工程的科技水平、工程和设备质量及运行管理水平等都得到迅速提高。全国已有上千座大中型沼气工程在稳定运行,为沼气工程建设积累了经验。大中型沼气工程与户用沼气池相比,结构更复杂,技术要求更高,一次性投资更多。因而,在工程项目实施之前必须进行可行性论证,以免造成不必要的浪费。

沼气工程的施工涉及多个专业,不仅包括建筑、结构、给水排水、采暖通风、电气照明等专业施工技术,还包括设备安装及沼气的制取、净化、储存、输配、利用等多个环节的施工技术。因此,提高沼气工程施工队伍的技术水平,认真学习贯彻相关的工程建设施工规范,吸取前人的经验,是保证沼气工程质量的关键。

沼气工程施工的基本要求如下：

①工程必须按设计要求和施工图纸进行施工,变更设计应有设计单位的修改通知。

②沼气工程所使用的主要材料、设备、仪表、半成品及成品等应有技术质量鉴定文件或产品合格证书。

③承建沼气工程的施工单位必须具有主管部门批准或认可的施工许可证,施工技术人员必须持证上岗。

大中型沼气工程的施工,已从单一的钢筋混凝土工程发展到可机械化施工的利浦制罐技术和搪瓷钢板拼装制罐技术。

一、钢筋混凝土工程施工

沼气工程的构筑物多为钢筋混凝土结构,施工有一定的连续性和保养期,加上专业工种较多,施工设计就显得非常重要。施工次序安排不妥就会影响工程进度和质量,并出现窝工,增加工程造价。消化器(沼气池)和储气柜为主要构筑物,应优先安排施工,同时将钢结构制作安装与土建工程施工进行交叉作业,待构筑物保养期满后开始试水,然后进行内密封层施工。待密封层充分干燥后进行防腐防渗涂料的施工,同时在厌氧罐外层做保温层施工,以克服温差应力。其他构筑物、建筑物、工艺管道等也可交叉进行。最后完成电气设备的安装调试。

1. 土方工程

土方工程的开挖除要根据不同季节和土质的物理性能确定边坡坡度外,在地下水位高的地区还要解决施工中的排水问题。沼气池底板一般有平底和反削球底(包括圆锥底)两种,其排水根据底板形状采取不同方式。

①工作面内紧靠坑壁处必须设置集水坑,其容积视集水量大小而定,一般可挖成长方形,长80厘米、宽60厘米、坑深90厘米,用潜水泵间断抽水。集水坑随着池坑土方开挖深度的增加相应地竖向下挖,保持集水坑坑底始终低于土方开挖面50厘米左右。土方开挖顺序为:从集水坑沿坑壁由外向内挖,边挖集水坑,边挖池坑土方。可同步抽水,一直挖至池坑坑底。在坑底沿壁设环形盲沟,然后将简易集水坑修整加固后与环形盲沟连通,通过抽水设备使地下水位液面始终在施工作业面以下,待池壁混凝土终凝后方可停止抽水。此时,由集水坑上冒的地下水逐步上升,流入、浸没池底和池壁底圈梁下部,可起到养护混凝土的使用。

②反削球形底集水坑的池坑中心设置一个200~300米^{3}容积的中型发酵罐,其坑径以70厘米为宜,坑深不少于90厘米。土方从坑心向四周挖开,在池底设"十"字形盲沟与中心集水坑连通,待底板混凝土抗压强度达到1176千帕以上时,才能填塞集水坑。可先在坑内填沙或碎石,再在其上浇混凝土,并应与原底板混凝土交接处连成整体,确保其不渗水。对于地下水量大的地基,还应分两步截堵,即在集水坑中心留一个直径15~20厘米的冒水坑,待其四周混凝土抗压强度超过1176千帕以上时再抽水堵塞。

2.钢筋工程及预埋件安装

钢筋绑扎是钢筋混凝土工程中的一个重要环节。储气柜水封池和厌氧罐钢筋绑扎都应先圈梁钢筋绑扎。圈梁钢筋绑扎时,用毛竹架空后进行,这样圈梁钢筋才不会变形。然后进行底板网格筋、放射筋、环向钢筋的绑扎。网片绑扎应注意相邻绑扎点的钢丝扣要成"八"字形,以免网片歪斜变形。下层钢筋应用预先制好的水泥砂浆块垫层,预制块厚度即为钢筋的保护层厚度,且垫块标号不得低于设计所要求的混凝土标号。底板上、下层钢筋之间用"撑马"来确定上下层之间钢筋的间距,以确保上层钢筋的保护层厚度。当底板和下圈梁钢筋都绑扎好后,按要求进行圈梁环向钢筋的焊接,其搭接长度不小于直径的10倍,宜采用双面焊,并清除焊渣。池墙钢筋应先进行立筋的绑扎,并用适当的方法固定,以免钢筋移位。池墙环向筋的每次绑扎高度不宜超过外模高度,否则会影响混凝土浇筑。环向筋绑扎与浇筑可交叉进行。

沼气池和储气柜水封池都有很多预埋件,施工时要根据预埋件安装部位及预埋件名称、规格、件数等列表进行安装。预埋管若采用刚性做法都必须设置止水带,即在管子埋入混凝土部分中间焊一圈钢筋,钢筋采用 $\phi 10$ 或直径 $\phi 13$ 的圆钢。安装在预埋件处的钢筋不能切断,应绕行。预埋件采用多点焊接在钢筋上的方法进行固定,使预埋件不易发生位移。储气柜水封池的进出气管的预埋角度应与储气柜浮罩的"米"字撑错开。沼气池预埋的入孔、集气罩水封圈外壳兼做内模使用,应去处表面的油污,但不必做防腐处理。

3. 模板工程

模板采用木模或铁模。为了弥补木模易漏浆的缺陷,在木模与混凝土接触面应镶贴纤维板,这样不仅能避免漏浆,也利于拆模和内粉刷层的施工,克服了模板施用隔离剂而带来的内粉刷层施工困难等问题。池墙内模选用厚25毫米、长2000毫米左右的圆弧形定型模板,用650毫米×50毫米×25毫米弧形木档一次定型,内部再用多个"井"字横撑固定。内模第一模不仅要求垂直,而且必须水平,才能进行第二、第三模的安装。内模一次安装完毕,外模600毫米一模,浇筑混凝土时,每模用两个花篮螺栓固定,这样结构不易走样,有利于提高浇筑质量。用多个凸形木撑来控制其浇筑厚度。消化器锥顶由于角度较大(30°~35°),内模制作稍有不妥,就易使锥壳变形,不仅影响结构强度,还会影响三相分离器等的安装。最好采用梢头直径不小于120毫米的杉木为长支撑,另一头支撑于上圈梁模板处,一头支撑在集气罩的筒体上。每隔1000毫米设置一根短支撑,比长支撑短1000毫米左右,用横档固定于杉木支撑间。在短支撑与横档交接处用梢头直径大于120毫米的杉木做内部支柱,直接固定于池底。500米³的消化器内部支柱有20根左右。锥顶支撑杉木必须平整,不能有凹凸状,然后将模板固定在支撑上。消化器池墙和储气柜水封池池墙的混凝土强度达到后才能拆模,而消化器锥顶、水封池平台混凝土强度达到100%时才允许拆模。拆模按后支先拆、先支后拆、先拆非承重部分、后拆承重部分的程序进行。

4. 混凝土浇筑

由于施工条件等的限制,消化器与储气柜水封池混凝土分段进行半连续浇筑,每层厚度30~40厘米,相邻两层浇注时间不得超过2小时,如气温低于25℃不应超过3小时,间隔时间太长则应留置施工缝,施工缝的位置要按表6-1设置。底板下圈梁、池壁、上圈梁和锥顶(平台)分三段浇筑完成,底板与池墙间必须留施工缝时,应将施工缝留在高出底板上表面不少于20厘米处,施工缝的型号见图6-1。在施工缝处继续浇筑混凝土时,宜先铺上15~30毫米厚的同标号水泥砂浆一层,其配合比与混凝土内的砂浆成分相同,混凝土应细致捣实,使新旧混凝土紧密结合。混凝土的密实度对抗渗、抗冻、抗腐蚀性都有较大的影响。混凝土振捣越密实,抗渗、抗冻、抗腐蚀性能越好。混凝土振捣应视其表面呈水平、不再显著下沉、不再出现气泡、表面泛出灰浆为准,振动器的操作要做到快插慢拔。池墙混凝土浇筑时,用两台振捣器对称进行振捣。混凝土底板或地下混凝土倒入落差超过1.5米时,不得直接用翻斗车把混凝土倒入,以免钢筋变形,影响施工质量。

表 6-1 施工缝的位置

位置		要求
池壁	池底、池顶	不宜留施工缝
	与底板连接无腋角时,距底板距离	≥20 厘米
	与底板连接有腋角时,距腋角上距离	≥20 厘米
	与顶板连接,留在顶板下距离	≥20 厘米

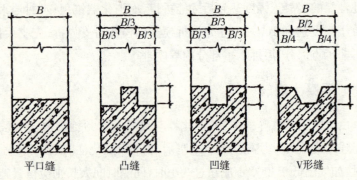

图 6-1 施工缝的型号

拱顶由于采用单层模板,且角度较大(35°),浇筑时必须严格控制浇筑厚度,选择合理的坍落度。机械振捣时,模板上不能有坍流现象,浇筑时自周边向锥顶呈放射状或螺旋状环绕锥顶对称浇筑。地下构筑物、储气柜水封池等,待混凝土达到一定强度后,方可拆除内模注水养护。

5.密封层施工

这是一道重要工序。施工前在施工缝处可沿缝剔成"八"字形槽,刷洗干净后,用纯水泥浆打底,抹 1∶2.5 水泥砂浆,找平压实。在管道周围墙面剔槽、捻灰、加固。在有拉模铅丝处,将铅丝剪断后用水泥砂浆捻实处理。基层清理后充分浇水湿润,接着开始做密封层。

密封层做法有多种,近年来树脂类材料的应用效果更好。这里介绍一种五道做法。

①在清理过的基层面刷纯水泥浆一层,厚度小于1毫米。

②抹1:2.5水泥砂浆10毫米,在素灰层初凝前进行,使一部分砂浆压入素灰层。

③用抹灰铁板刮纯水泥浆一层,厚度小于2毫米。

④抹1:2水泥砂浆8毫米,压光。

⑤表面刷水泥膏,涂料2遍。

施工完毕应加强对密封层的浇水养护,保持正常湿润的时间应不少于2周。

6.储气柜金属钟罩施工

低压湿式储气柜金属钟罩的施工在水封池试水合格、内粉刷完成、立好内导轨槽钢后进行。为了施工安全,水池内应注满水。在水池上搭设平台,平台必须有足够的强度,立好"工"字钢架,制作外导架。先进行拱顶内部支撑的制作,然后焊接拱顶"西瓜"片和外导轮制作安装。用4支葫芦牵引,葫芦上端固定于"工"字钢上,下端连接外导轮架。每次牵引力量必须均匀,每次上提1500毫米(即每节焊接钢板宽度)进行焊接施工。筒体钢板采用搭焊,搭接必须错位。拱顶采用双面对焊,焊条宜用T42焊条,钢板采用6000毫米×1500毫米的85A钢板。焊缝不允许有砂眼,焊缝高控制在15毫米左右。钟罩制作安装完成后,还必须做气密性和升降试验。

二、利浦制罐技术

在大中型沼气工程中,厌氧罐是关键的工艺装置。用混凝土建造消化器的罐体由来已久,也为大多数施工单位所熟悉,但其工序复杂、用料多、施工周期长,给施工带来很多不便。近年来,安阳利浦筒仓工程有限公司和杭州能源环境工程设计所先后引进了利浦制罐技术,其不仅可以简化施工过程,缩短施工周期,还可提高沼气池密封质量。

1. 利浦制罐技术特点

利浦制罐技术是德国人萨瓦·利浦的专利技术，它应用金属塑性加工硬化原理和薄壳结构原理，通过专用技术和设备将 2~4 毫米厚的镀锌钢板（或不锈钢复合板），按"螺旋、双折边、咬合"工艺建造成体积为 100~5000 米^3 的利浦罐（池）。利浦技术制作罐体具有施工周期短、造价较低、质量较好、占地少、施工方便等优点，所用钢材仅相当于混凝土罐钢筋的质量，节省材料。该技术适用于大型消化罐的建造。用于 200 米^3 以下罐的建造仍显造价较高。在大中型沼气工程和污水处理工程中，这种具有世界水平的制罐技术已逐步用于卷制厌氧罐、储气柜、曝气池、污泥池等工艺装置，取得了良好的效果。

2. 利浦罐卷制原理和设备

施工时，将 495 毫米宽的卷板送入成型机，轧制成所需的几何形状，再通过弯折、咬口，围绕着仓外侧形成一条 30~40 毫米宽、连续环绕的螺旋肋（图 6-2），在结构上螺旋肋起到加强筒仓强度的作用。对于材质不同的两种材料，利浦罐建造设备也能实现双层弯折施工。

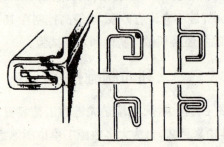

图 6-2 利浦罐卷制原理图

利浦设备适用材料很广泛，制作厌氧罐时，多采用 2~4 毫米厚度的镀锌钢板，内衬 0.3~0.5 毫米厚的不锈钢薄膜，增强其防腐能力。

利浦制罐技术设备有如下几种：

①将要加工的材料放在开卷机上,开卷机将卷板展开。

②成型机将材料弯曲并初步加工成型,同时把材料弯成卷仓直径所要求的弧度。

③弯折机将初步加工成形的材料弯折,咬口轧制在一起,成为螺旋咬口的筒体。

④承载支架按消化罐所要求直径安装,周围设置支架,承载螺旋上升的罐筒。

⑤高频螺柱焊机将加强筋通过螺柱与仓壁连接,以避免普通电弧焊接时对罐体材料的破坏。

3. 利浦罐建造过程

①根据所卷罐体的直径对设备进行定位。

②卷仓定位后卷罐至2毫米左右。

③利用罐边切割机将上边切平,然后安装罐顶。

④将罐体边卷制边举升至所需要的高度。

⑤拉出罐体内的卷罐设备,落罐。罐体与罐底预埋件连接。

⑥设施根据用户所选型号安装,建造即告完成。

4. 利浦厌氧罐底板的设计

厌氧消化器罐体通常高度在8~11米,罐体及底板受力都较大。虽然利浦式罐体本身具有相当大的环拉强度,能够满足池体本身的强度要求,但是,厌氧罐下部设有入孔、进料管、排渣管、循环管等工艺管道接口,使得罐底结构处于不稳定状态。随着罐内水压的升高,罐体本身的环向拉力增大,变形的可能性也逐步增大,特别是罐底部,反应更明显。因此,在厌氧罐底部设置一道环形圈梁,以限制罐体的变形,同时也相对降低了罐内水头压力(等于圈梁高度)。

为加强罐的整体稳定性,底板周边应局部加厚,以增加基础与地基的摩擦力。1200米³厌氧罐(直径为12米,高度为12米)的底板结构可设计成如图6-3所示。

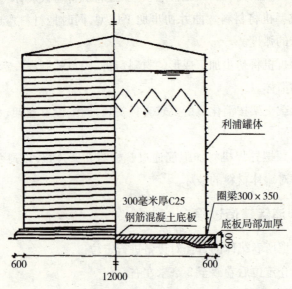

图6-3 1200米³厌氧罐底板结构示意图(单位:毫米)

5.罐体与底板之间的密封设计

由于利浦罐体同钢筋混凝土底板完全不同,不能一次性完好地整体连接,故通常采用预留槽定位密封。此种方式是按照罐体直径尺寸在底板上预留凹槽,并在槽中均匀放置一定数量的预埋件,待利浦罐体落仓后与之焊接或用螺栓连接固定,凹槽内用细石膨胀混凝土浇捣密封,再用沥青、SBS改性油毡分层沾在罐体与混凝土搭接处的一定范围之内,最后在罐内外的底板上均匀覆盖一定厚度的细石混凝土保护层,并在混凝土与罐体的接缝处用沥青勾缝。考虑到底板厚度的限制以及罐体落仓时可能发生的误差,密封槽断面宽度应设定为200毫米,深度根据利浦罐体的直径和高度来定,通常为150～300毫米。此种方式用于厌氧罐、SBR池等储水池。具体做法如图6-4所示。

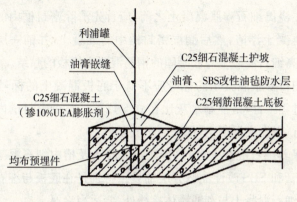

图6-4 预留槽定位与密封示意图

6.利浦罐土建部分的施工

(1)基础底板的施工 底板的施工除保证施工质量外,还要做好底板内所有预埋件的定位埋设以及控制好密封槽的尺寸误差。

步骤如下:

①施工之前做好混凝土(标号C25)的级配和抗渗等级(S6)的试验。

②浇混凝土之前,检查底板中所有预埋件的定位尺寸与数量。

③密封槽应立模板,并严格控制尺寸误差,包括槽中心尺寸、宽度和深度,以确保罐体能定位落仓。

④现浇钢筋混凝土底板应连续浇筑,保证一次成型,不得留有施工缝。同时要做好混凝土的保温工作,防止混凝土因温度变化产生变形、裂缝。

⑤底板应有足够的保养期,当混凝土强度达到75%时才能卷制利浦罐体。

(2)密封槽的密封施工 密封槽的密封是连接罐体与基础的重

要工序,其施工好坏将直接影响利浦罐的使用和整体形象。施工要点如下:

①在浇捣细石膨胀混凝土之前,应首先清除密封槽内的垃圾和松散的混凝土浮渣,然后润湿密封槽中的混凝土,并铺一层水泥砂浆,以提高细石混凝土与已凝固的钢筋混凝土底板的黏结。

②细石膨胀混凝土的标号应不低于底板混凝土的标号(C25)。在浇捣过程中,严格控制水灰比在 0.5 以下。整个密封槽内浇捣要连续进行,以振实混凝土,保证一次成型。

③保养细石混凝土数日,待底板混凝土及槽内细石混凝土干燥后,用油膏和 SBS 改性油毡分层铺设。特别是在底板与细石混凝土搭接处、细石混凝土与利浦罐体接缝处,要适当涂厚。

④在油膏和 SBS 改性油毡成型后,浇捣细石混凝土斜坡,作保护层。斜坡顶与利浦罐体接缝处勾缝,待混凝土保护层干燥后用沥青填实。

三、搪瓷钢板拼装制罐技术

搪瓷钢板拼装制罐技术是德国 Farmetic 公司开发的制罐高新技术,该技术应用"薄壳结构"原理,采用预制柔性搪瓷钢板,以拴接方式拼装制成罐体。1997—2002 年,北京环境科学院采用国内材料,成功地开发了该技术,并在北京、河南、山东、山西、湖南等地将此技术应用于食品加工废水、淀粉废水、啤酒废水、猪场废水和生活污水等的处理。处理中所用的厌氧消化器(UASB)及曝气池都是采用搪瓷钢板拼装制罐技术制成的。2002 年,捷克维特科维策公司通过中国农业大学在河北省固安县的宝生牛场,利用搪瓷钢板拼装制罐技术,建造了厌氧消化器总体积达 2600 米^3 的牛粪综合利用工程。搪瓷钢板拼装制罐技术可将预先制备好的、2~4 毫米厚的柔性搪瓷钢板现场拴接拼装成几百到几千立方米大小不等的罐体,该技术具有施工周期短、造价低、质量高等优点。利用该技术制罐的施工周期比建造同样规模的混凝土罐可缩短 60%,且罐体自重仅为混凝土罐的 10%;可比普通钢板焊接罐节省一半以上材料;造价比混凝土罐和普通钢板焊接罐低 30%~40%;而且耐腐蚀,使用寿命可达 20 年以上。

1. 搪瓷钢板拼装罐的特性和用途

搪瓷钢板拼装罐用搪瓷钢板拼装而成,通常采用 2~4 毫米厚的钢板,按照工程设计而成,加工后要在钢板的内外两面涂上 2~3 层搪瓷涂层,经过热聚合使搪瓷层和钢板之间形成很强的结合力。由涂层形成的保护层不仅能防止罐体腐蚀,而且具有抗强酸、强碱的功能;搪瓷涂层同样具有极强的抗磨损性。涂层颜色通常为绿色,也可根据用户要求改变颜色。涂层厚度为 2.5~4.5 毫米。涂层黏着力为 3450 牛/厘米,弹性与钢板相同,约为 200 千牛/毫米,硬度为 6.0。由于材质为柔性搪瓷,所以钢板在受到重物冲击或弯曲时不裂缝、不掉瓷。

搪瓷钢板拼装罐除用于有机污水厌氧发酵和好氧处理的反应器、储水池、沉淀池外,还可用于多种液体和固体的储存。

2. 搪瓷钢板拼装制罐的技术要点

搪瓷钢板拼装制罐技术的关键在于设计合理的罐体结构,使钢材用量大大降低。根据设计,首先对钢板进行加工,然后进行搪瓷。特殊防腐材料的开发利用解决了钢制罐体的腐蚀问题。预制的搪瓷钢板采用拴接方式进行拼装,拴接处加特制密封材料防漏。最终组成各种单元罐体设备。

(1) 板块的选择和加工 根据国内的钢板规格、搪烧设备的大小以及整体拼装的技术、经济等因素,适宜的板块大小为:长×宽=(2~2.8)米×(1~2)米。经计算,直径 5~30 米、高度 6.5 米的搪瓷钢板拼装罐所需板材的厚度仅为 1.0~3.0 毫米。考虑到罐体的刚度要求,采用2.0~5.0毫米厚度的钢板即可满足工程要求。按设计要求剪裁好钢板,再经钻制拴接螺孔和搪瓷后即可现场进行拼装。罐体容积与罐体直径和高度的尺寸见表6-2。

表6-2 罐体尺寸及容积(米³)一览表

直径/米	高度/米														
	3.5	5	6	7	8	9	10	11	12	13	14	15	16	17	18
5	69	98	118	137	157	177	196	216	236	255	275	294	314	334	353
6	99	141	170	198	226	254	283	311	339	367	396	424	452	480	509
7	135	192	231	269	308	346	385	423	462	500	539	577	645	654	692
8	176	251	301	352	402	452	502	553	603	653	703	754	804	854	904
9	223	318	382	445	509	572	636	699	763	827	890	954	1017	1081	1145
10	275	393	471	550	628	707	785	864	942	1021	1099	1178	1256		
11	332	475	570	665	760	855	950	1045	1140	1235	1330	1425			
12	396	565	678	791	904	1017	1130	1243	1356	1470	1583				
13	464	663	796	929	1061	1194	1327	1459	1592	1725					
14	539	769	923	1077	1231	1385	1539	1692							
15	618	883	1060	1236	1413	1590	1766	1943							

(2)搪瓷钢板拼装罐的拼装 由于搪瓷钢板拼装罐是板块式的结构,因此拼装主要是现场进行。拼装自上而下,即先装配罐体的最上层,然后依次向下安装。安装时可采用专用机械也可采用普通脚手架。

搪瓷钢板之间的拼接采用了钢板相互搭接并用螺栓紧固的连接方式。在搭接的搪瓷钢板和螺栓之间镶嵌有特制的密封材料。经一系列的实验测定,密封材料选用HM106型高强度防水密封剂,该密封剂是参照美国军标Mlles S-38294研制的,主要应用于飞机座舱、设备舱等口盖的密封。

(3)搪瓷钢板拼装罐的基础 搪瓷钢板拼装罐池底通常采用钢筋混凝土结构。由于搪瓷钢板罐所用材料较少,在基础承载力计算时几乎可以不考虑罐体自重对基础的承压要求。基础底板浇注时,要按罐体直径在底板表面预留槽,槽内安放预埋件,罐体制作完成后,放入预留槽内,用螺栓将罐体和预埋件固定住。然后用膨胀混凝土和沥青等材料进行密封,最后覆细石混凝土保护层。根据工艺要求,可将管道等设施事先预埋入基础中。

建造搪瓷钢板拼装罐不仅省工、省材,而且拼装罐可以随意拆卸,重新安装到其他地方。拆下的搪瓷钢板可以重新利用,只需购买一些螺栓和密封胶即可。

四、发酵床养猪技术

规模化猪场沼气建设的一组数据:养猪3000头,每头猪日产粪量为6千克,猪粪干物质含量为18%,沼气池进调配成干物质含量(TS)为8%的粪污水料液。根据粪污干物质日产量和水力滞留期(20天)计算,沼气池有效容积需为800米³。

计算公式如下:

$$沼气池有效容积 = \frac{干物质日产量 \times 水力滞留期}{发酵料液浓度}$$

$$= \frac{X \times 20 \text{天}}{8\%} = 800 \text{米}^3 (产气量)$$

粪污干物质量为3.2吨/天,粪便中干物质在厌氧反应阶段被降解50%,经固液分离后进入沼液约20%,转化为沼渣的干物质为总量的30%,新鲜沼渣含水率为65%。日产沼渣量:(3.2吨/天×30%)÷(1−65%)=2.74吨/天;日产沼液量:(3.2吨/天÷8%)−3.2吨/天×50%−2.74吨/天=35.66吨/天;部分沼液回流进调节池,调节粪水料液浓度,以减少清水用量,并提高粪水料液中沼气细菌的含量。沼液回流量按20吨/天计,每天需要排放的沼液量为35.66−20=15.66吨/天。计算可知,3000头猪的猪场每天有15吨沼液的排放量,如果周边没有可以消化沼液的农田,且由于运输费用高不能及时运走沼液,就会汇集成天然的"沼液塘",造成对周边环境的二次污染。所以,要减少沼气工程粪便的投入量,采取沼气与发酵床养殖方法相结合,以处理养殖场粪污。

发酵床养猪是利用微生物发酵原理,将土著微生物与秸秆、锯末屑、稻壳和泥土按一定比例混合后进行发酵,使猪粪、尿中的有机物质在微生物的作用下得到充分分解和转化。

1. 圈舍建设

(1)原有猪舍的改造

①一般猪舍的改造:一般要求猪舍东西走向、坐北朝南,猪舍墙高3米,屋脊高4.5米,充分采光,通风良好,通常每间猪圈净面积不小于25米^2,可饲养肉猪15~20头。预留1.3米宽作为休息台,放置料槽,其余建发酵床。屋内朝南面设置采光窗或透光瓦,保证发酵床上三分之一处见到阳光。

②传统猪舍改造成发酵床猪舍:猪舍内部结构不变,屋面朝南,加设采光窗或透光瓦,圈舍外南北分别建发酵床、塑料薄膜封闭。扩大窗户且连接原猪舍。夏季在屋面上放置树枝、遮阳网、屋面滴水装置或采用湿帘通风进行降温。

(2)发酵床猪舍的建造

①猪舍的大小:跨度一般不小于8米,通常9~12米;猪舍的檐口高度以发酵池面计,不低于2.5米;猪舍长度20~40米;每栋猪舍建筑面积不低于200米^2。

②猪舍朝向:一般要求猪舍东西走向,南北为自由开闭的开放卷帘或窗户,东西立墙。

③猪舍的采光及通风:猪舍的顶端纵轴南向设计一排立式通风孔,每间猪舍屋面设50厘米宽的采光板或天窗。南北侧墙上的窗户尽量设计成大窗户,窗户高2米、宽度1.6米左右,高于发酵池面20厘米左右。窗户上檐尽量设高,以增大透光角度。南北墙底部设通

风口,以形成空气对流。有条件的可加装湿帘、轴流式风机,使猪舍纵向通风。

④猪舍设计:猪舍设计成单列式,猪舍北侧设计成通长的过道,宽约1.2米。过道内侧与发酵池之间留出1.2~1.5米长的水泥硬床面(又称"休息台",约占栏舍面积的30%左右),供生猪取食或盛夏高温时休息。发酵床上方设置喷淋加湿装置。南侧发酵池与南墙之间留出0.5米左右过道,以方便排水沟的设计,同时还可避免夏季雨水由窗户直接流入发酵床。

⑤食槽和给水槽的位置:将食槽和给水槽分设于猪栏的两端,使猪采食与饮水分开。北侧靠走道建自动给食槽,南侧建自动饮水器,距床面30~40厘米,下设凹型集水槽,将多余的水向发酵床外引出。

⑥垫料进、出口设计:以满足进料和清槽(即垫料使用达到一定期限时需要从垫料槽中清出)时操作便利为原则。

⑦降温:夏季高温时,应强化降温措施,降低舍内温度。方法主要有屋面遮阳、湿帘风机纵向通风等。

(3)猪舍模式

①塑料大棚复合式猪舍:全钢架结构,屋顶向阳一面为拱状半坡仰面,北侧1米短坡,南北侧敞开。屋顶盖双层塑料薄膜,中间加石棉保温被。南北两面都设置双层覆盖物,下一层为塑料卷帘,设置卷膜器,以进行机械卷帘,卷上可以通风,放下可以保温。东西为实体墙,分别装水帘和风机,也可用水泥立架,要求南北为上下直立,南侧设双层覆盖物。下一层为塑料、机械半人工卷帘,北侧夏季敞开,冬季用人工塑料薄膜封堵。猪舍跨度8~10米、长40~60米,前后有两条走道。食槽在北,建成通栏无隔断水泥槽,槽前有1米宽给料道,槽后有1.3~1.5米的硬化地面,向北5°坡度(正上方可设喷淋降温装置)。下面为发酵床,前面走道和硬化地面间有猪栏相隔,下设一条小排水沟,在猪舍一角建一渗水井,少量污水顺小沟流至渗水井内。设自动给食槽的可取消硬化地面,自动饮水器设在南侧,下设排

水槽,防止猪戏水流入发酵床。

②永久式发酵床猪舍:猪舍墙体为砖混结构,外挂一层水泥面。屋顶为人字型,顶端纵轴南向设计一排立式通风气孔,屋面每间隔5米设采光板(没建通气孔的应建天窗)。屋顶为三层结构,石棉瓦(或芦苇上放薄膜)上覆盖5厘米厚泥巴(土),再加盖彩瓦。南北面留有大窗,为上下两层,自然通风。东西为实体墙,分别装水帘和风机。猪舍跨度9~10米,北面一条走道长1.2米,有一条小的污水沟,北面栏里有1.5米的硬化地面,间隔5~7米放置一个自动给食槽,南侧设置自动饮水器。

(4)发酵床的设计与建造 根据南北差异、地下水位的高低,发酵床可建为地上式、地下式和半地下式三种。

①地上式:发酵床的垫料层位于地平面以上,适用于南方地下水位较高的地区及有漏粪设施的猪场改造。

②地下式:发酵床的垫料层位于地平面以下,床面与地面持平,适用于地下水位较低的地区。

③半地下式:发酵床适用于地下水位适中的江淮大部分地区,此种方法可将地下部分取出的土作为猪舍走廊、过道、平台等需要填满垫起部分的地上用土。

发酵池的深度:发酵池的深度与猪的排泄量及土著益生菌活力有直接关系,且因猪种、饲养阶段而异,一般60~80厘米。发酵池内四周用砖砌起,砖墙上用水泥抹面,无需抹平,以起稳定和透气作用。纵向为坑道贯通式,不搭横隔,便于垫料的装填管理。发酵池底部为自然土地面。

2.土著益生菌的分离培养

土著益生菌(土著微生物):在当地采集,以芽孢杆菌、放线菌、乳酸菌、酵母菌和丝状菌落等多种有益微生物复合形成的互不拮抗,并有互惠共生关系的微生物复合体。土著益生菌作为发酵剂,用于猪粪、尿发酵,使其快速分解转化成无毒、无臭味的活性发酵产品。

(1)土著益生菌的采集 将稍硬的大米饭(1~1.5千克),即夹生饭装入干净木板(不可用甲醛处理过的木板)做的小木箱(25厘米×20厘米×10厘米)或者1000毫升广口烧杯里,装量约1/3。大米饭上面盖上宣纸,封好口,将其埋在当地落叶聚集较多且腐殖质多的农田、树林中。为防止野生动物践踏,木箱最好罩上铁丝网。夏季经3~5天,春秋季经6~7天,周边的土著微生物潜入到米饭中,在米饭上形成的白色菌落即为益生菌菌落。发黑的微生物菌落不能采集。

(2)土著益生菌的提纯复壮 增殖培养:通过配制特定培养基(不同营养成分、添加抑制剂等)并选择一定的培养条件(调整培养温度、培养基酸碱度等)来增加所要菌种的数量。

分离:对菌落特征和细胞特征观察确认后,即可从菌落边缘挑取部分菌种进行移接斜面培养。对于有些难挑取的单菌落微生物,如毛霉、根霉等,在分离时常在培养基中添加0.1%的去氧胆酸钠或在察氏培养基中添加0.1%的山梨糖及0.01%蔗糖,以便于单菌落分离。

菌种鉴定:经分离培养,在平板上会出现很多单个菌落。通过观察菌落形态,选出所需菌落,然后取菌落的一半进行菌种鉴定。对于符合要求的菌落,可将之转移到试管斜面培养。

发酵试验:将提纯后的土著益生菌进行发酵试验,以求得最适合于生产的菌种。

(3)土著益生菌的扩增 将实验后的菌种掺入原材料量1/3左右的红糖,混合均匀(按坛子容量的1/3进行装量),再把变得稀软的米饭装入坛子里,盖上宣纸,用线绳系好口,控制温度在18℃左右,大约放置7天,坛内物质就会变成浓稠液体状态,简单过滤后制成土著益生菌菌种原液。将适量土著益生菌菌种原液以1:1000的比例拌入40℃水中,再加15千克米糠(最好经过高温熏蒸)拌匀。摊放在能遮阳挡雨的土地上,温度以 20℃ 左右、厚度以 5 厘米左右为宜,上面覆盖稻草、草帘或麻袋。经 3～5 天,菌丝可布满表面,此时即可使用或干燥保存。将扩繁后的菌种加入 15 千克米糠和 10 升水中,按上述方法继续扩大菌种。如此多次扩繁菌种,直至达到所需要的菌种数量为止。扩繁好的菌种在避光处晾干,装入开口的编织袋中保存,注意防潮。常温下菌种可保存 1 年时间。目前商业剂主要有水剂、糊剂和粉剂,粉剂较易保存和使用。

3.垫料制作

(1)垫料选择 垫料选用的一般原则:原料来源广泛、供应稳定、价格低廉;主料必须为高碳原料,水分不宜过高,应便于临时储存。主料有锯末、稻壳、5 厘米以下碎树木屑、刨花、粉碎花生壳、粉碎农作物秸秆、干鲜牛粪、废弃蘑菇培养料等。辅助原料有果渣、豆腐渣、酒糟、饼粕、稻壳、麦麸、生石灰、过磷酸钙、磷矿粉、红糖或糖蜜等,辅助原料占整个垫料的比例不应超过 20%。

(2)发酵床垫料配方

配方一:锯末 30%、稻壳 35%、碎树木屑 5%、粉碎花生壳 30%、果渣 2.5 千克/米^3、菌种(粉状剂型约 150 克左右,下同);

配方二:锯末 30%、稻壳 35%、废弃蘑菇培养料 35%、菌种;

配方三:锯末 40%、玉米秸秆 50%、深层土 10%、菌种。

(3)垫料的制作及铺垫

方法一:根据发酵床的大小按比例准备好原料。先取好稻壳、锯末各 10% 备用,后按每立方 2.5 千克米糠加入 1 千克菌种,均匀搅拌,水分掌握在 30% 左右(手握成团、一触即散为宜)。将搅拌好的原料打堆,四周用塑料布盖严。室温尽量保持在 20～25℃,夏季 2～3 天,冬季 5～7 天,发酵好的原料散发出酸甜的酒曲香味即发酵成功。将发酵好的米糠和一些稻壳和锯末充分混合,搅拌均匀。在搅拌过程中,使垫料水分保持在 40%～50%(用手捏紧后松开,感觉蓬松且迎风有水汽),再均匀铺在圈舍内,用塑料薄膜盖严,3天即可使用。发酵好的垫料摊开铺平,再用预留的10%稻壳、锯末混合物覆盖并整平,厚度约10厘米左右,然后等待24小时后方可进猪。根据情况,应少量喷洒井水,防止过于干燥起灰尘,造成猪感染呼吸道疾病,不便于猪正常生长。

方法二:将锯末40%、稻壳50%、猪粪10%、米糠2.5千克/米^3、菌种1千克/米^{2}等按比例分层加入发酵床内。发酵床填满后即可放入猪饲养。

方法三:玉米秸秆90%、深层土10%混合后铺垫30厘米,锯末90%、深层土10%混合后铺垫20厘米,锯末5厘米铺平,菌种1千克/米^{2}稀释后均匀喷洒在垫料上,再用干锯末铺5厘米,24小时后进猪。

(4)垫料厚度 保育猪40~50厘米,育成猪60~80厘米,夏季可降到40~60厘米。

(5)铺垫料方法 先铺30厘米厚的玉米秸秆或稻壳,再铺上述配方垫料。

4.发酵床的管理

(1)垫料通透性管理 当发酵床面的有机垫料被猪踩踏变硬时,须以20~30厘米深度翻松床面。平时每周将垫料翻动1~2次,深度:保育猪15~20厘米,育成猪25~35厘米。每隔50~60天要彻底将垫料翻动一次,并将垫料层上下混合均匀。冬季应经常翻动,夏季要减少翻动次数。垫料中添加适量5厘米以下碎树木屑、刨花,可增加垫料通透性,减少翻动次数。工具可用自制的三齿钉耙、五齿铁锨等。

(2)湿度管理 垫料合适的水分含量为38%~45%,中心发酵层含水量一般控制在65%左右,因季节或空气湿度的不同而略有差异。检查垫料水分时,可用手抓起垫料攥紧,如果感觉潮湿但没有水分出来、松开后即散,可判断水分为 40%～50%;如果感觉到手握成团,松开后抖动即散,指缝间有水但未流出,可以判断水分为 60%～65%;如果攥紧垫料有水从指缝滴下,则说明水分含量为 70%～80%。若发酵床面过于干燥,应向发酵床喷洒少量水,以猪运动后不起尘埃为标准。

根据水分状况适时补充水分,常规补水可以采用加湿喷雾补水,也可结合补菌时补水。水分过多时打开通风口,以利用空气流动,调节湿度。冬季应降低发酵床的湿度。另外要严格防止饮水和雨水漏入发酵床内,以防床内垫料泡水腐烂。

(3)疏粪管理 保育猪 2～3 天进行一次疏粪管理,中大猪应每 1～2 天进行一次疏粪管理。夏季每天都要进行粪便的掩埋,把新鲜的粪便掩埋到 20 厘米以下。

(4)补菌 每批次一次,按 0.5 千克/米^2 菌液喷洒补充。边翻边喷洒,翻料深度在 20 厘米左右。

(5)垫料补充与更新

①补充:当发酵床面与池面的高度差在 15～20 厘米,或垫料减少量达到 10%,或在需用有机肥时,可以挖出约 20 厘米深的腐熟好的部分以补充新料。补充的新料要与发酵床上的垫料混合均匀,并调节好水分,同时补充益生菌、生土、盐、植物营养剂等。

②更新:发酵床垫料的使用寿命一般为 3～5 年。当垫料达到使用期限后,必须将其从垫料槽中彻底清出,并重新放入新的垫料。更新判断标准:

• 发酵床垫料的最高温度段由床体的中部偏下段向发酵床表面移动,即使再加入有机物含量小的垫料(如锯末),加以混合后,高温段还是在上段。

• 猪舍出现臭味,并逐渐加重。

• 持水能力减弱,猪尿里的水分不能通过发酵产生的高热挥发。

(6)空圈管理 空圈后先将发酵垫料放置干燥 20 天左右。将垫料从底部翻弄一遍,视情况适当补充麸皮与菌种,重新由四周向中堆积成梯形。室温低时,上盖塑料布,使其进行两次发酵至成熟,以杀死病原微生物。同新垫料发酵技术一样,发酵成熟的垫料摊平后用未发酵的锯末覆盖,厚度5~10厘米,间隔24小时后进猪饲养。

若前期发生重大动物疫情或发酵床发酵高温段上移、出现臭味、持水能力下降等,需要彻底更新垫料。

(7)夏季控温 夏季主要采用常规降温管理措施(如屋面遮阳、滴水、启动湿帘、开动风机加强空气交换等)进行控温,并对发酵床体逐步减少垫料的补水量,让垫料水分控制在38%左右。将垫料适当压实,日常养护时不要深翻垫料,疏粪管理时只需将表层垫料与粪尿混合均匀。适当加大补菌量,特别是粪尿集中排泄区的补菌量,以达到分区发酵的效果。

5.猪的饲养管理

(1)饲养密度 仔猪(50千克以下)0.8~1.2米^2/头,育肥猪(50~100千克)1.2~1.5米^2/头,夏季应2.0米^2/头。小猪可适当增加密度。同批饲养的猪体重相差控制在4千克的范围内。

(2)饲料喂量 控制在正常采食量的80%,新进猪可有3~5天的缓冲期。

(3)日粮配比 各饲养阶段日粮的养分含量均按照NY 5032-2001(无公害食品畜禽饲养和饲料添加剂使用准则)执行,但饲料中不得添加抗生素,高剂量铜、锌等微量元素添加剂。

(4)驱虫 猪入圈前要事先驱除体内外的寄生虫。

(5)疫病防控 根据当地疫病发生情况,制定合理的免疫程序,进行正常免疫监测。对发病猪及时诊断、隔离治疗,病死猪按相关规定处理。

6.消毒

(1)圈舍外消毒 对出入人员、车辆以及养猪场内的办公及生活区环境进行消毒,需按照 GB/T17824.1-2008(规模猪场建设的技术条件)执行。

(2)圈舍消毒 发酵床养猪圈舍内可以正常消毒,只需向床面喷少量消毒剂即可。

第七章
沼气、沼液与沼渣的利用

一、沼气的利用

1. 沼气的利用方式

沼气的利用有热利用和非热利用两种方式。

(1) 热利用方面 在沼气的热利用方面,除了将沼气用于炊事、照明等日常生活外,还可以用于养殖、种植和农产品的加工等方面,包括用于大棚增温、升温孵鸡、蛋鸡增光、照明升温育雏鸡、增温和调湿育秧、养蚕、灯诱灭害虫、发电、烘烤农产品等。

(2) 非热利用方面 沼气非热利用包括沼气气调储藏(保鲜水果、储粮等)和燃烧沼气为作物施二氧化碳气肥等。

2. 利用沼气为大棚保温

燃烧 1 米^3 的沼气可释放 20×10^3 千焦的热量,可以用来对塑料大棚保温。以宽 7 米、长 20 米、平均高 1.5 米,容积为 210 米^3 的塑料大棚为例,在不考虑散热前提下,每立方米温度升高 1℃大约需要 1 千焦的热量。因此 1 米^3 的沼气可以使 210 米^3 的空间温度升高约 10℃。但在现实生活中,塑料大棚具有不同程度的散热效果,要让塑料大棚的温度恒定在一个温度范围内,大棚内应每 80~100 米^3 设置

1盏沼气灯,利用灯散发的热量来对塑料大棚进行保温。

3.利用沼气养蚕

沼气养蚕指的是用沼气灯进行蚕种感光收蚁及燃烧沼气给蚕室加温,以达到孵化快、出蚁齐、缩短饲养期、提高蚕茧产量及质量的目的。

(1)用沼气灯感光收蚁 根据蚕农生产的经验,从蚕种催青到快孵化时,需将催青室的光线完全遮蔽,把蚕种纸摊开,平放在距沼气灯65~70厘米处,然后点燃沼气灯,照射1小时左右,一张蚕种就可出蚁大半。不孵化的第2天用相同的方法照射1次,就可以全部出齐。

(2)沼气灯直接照明加温蚕室 通过沼气灯照明对蚕室升温,给蚕室创造一个最适合蚕种孵化和蚕体生长发育的环境。一般来说,蚕各龄期的最适温度是不一样的。1~2龄期的最适温度为26~28℃;3龄期的最适温度为25~26℃;4~5龄期的最适温度为23~24℃。所以,蚕室沼气灯的盏数要依据蚕室的大小和养蚕的多少来确定。根据经验,1盏沼气灯可以加温一间70米^{3}的蚕室,以养一张蚕。加热的时间也需要根据蚕室的温度和蚕各龄期的最适温度来决定,且应经常测量蚕室温度。

4.利用沼气储粮

沼气储粮的原理是减少粮堆中氧气的含量,使各种危害粮食的害虫因缺氧而死亡。沼气储粮方法有农户储粮和粮仓储粮两种。

(1)农户储粮 农户储粮通常量较少,常用罐、坛、桶等容器储藏。具体方法为:用木料做一个盖,盖上钻2个小孔(孔径以能插入沼气进、出气管为准),分别插入进气管和出气管。进气管与一根沼气分配管相连,沼气分配管可以由竹管制成,方法是:打通竹节,但保留最后一个竹节,在竹管周围每隔5厘米钻上一小孔,把留有竹节的一端插入装粮容器的底部。出气管可再连接沼气压力表和沼气炉。采用这种方法,每次用气时,沼气就会自然通过粮堆。因此这种连接法要求每个部位均不能漏气,进、出气管与容器盖的连接处,容器盖与容器连接处均需用石蜡密封,盖上要压重物。另一方法是出气管不连炉具,每次通入沼气时,打开出气管的开关,排出的沼气放空,通完再关闭出气管阀门。要求每15天通沼气1次,每次沼气通入量为储粮容器容积的1.5倍。这种储粮方式适合多个储粮容器串联使用,装置示意如图7-1所示。

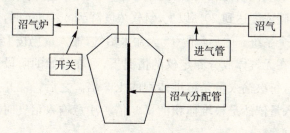

图 7-1 农户沼气储粮示意图

(2)粮库储粮 粮库的储粮量很大,它由原有的粮仓、沼气进出系统、塑料薄膜封盖组成。储粮系统示意如图7-2所示,需要注意的关键点是各部分必须密闭不漏气。

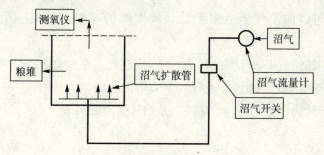

图 7-2 沼气粮库储粮系统示意图

①储粮装置安装。在粮堆的底部设置"十"字形,中上部设置"井"字形沼气扩散管。扩散管要达到粮堆的边沿,以便沼气能够充

满整个粮堆。扩散管可以用内径大于1.5厘米的塑料管做成,每隔30厘米钻一个通气孔。"十"字形管与沼气池相通,其间要设有开关。粮堆周围和表面用0.1~0.2毫米厚的塑料薄膜密封。在粮堆顶部的薄膜上安装一根小管作为排气管,排气管可以与氧气测定仪相连。

②沼气输入量。检查整个系统,在确定其不漏气后,方可通入沼气。在系统中设有二氧化碳与氧气测定仪的情况下,可以利用排出气体中的二氧化碳与氧气浓度来控制沼气的通入量。当排出气体中的二氧化碳浓度达到20%以上,氧气浓度降到5%以下时,停止充气并密闭整个系统。之后每隔15天输入沼气,输入量仍按上述气体浓度控制。在无气体成分测定仪的情况下,可在开始的阶段连续4天输入沼气,每次输入量是粮堆体积的1.5倍。之后每隔几天输一次沼气,输入量依然是粮堆体积的1.5倍。注意输入沼气时应打开排气管。

③注意事项:要经常检查整个系统是否漏气。沼气管、扩散管若有积水,应及时排出。为了防止火灾和爆炸事故的发生,严禁在粮库内和周围吸烟、用火。沼气池的产气量要与通气量相配套。若沼气池产气量或储气量不够,可以连续2天输入所需的沼气。在预计通气前,可以向沼气池内多添加一些发酵的原料,以保证有足够的沼气。

④储粮效果。沼气储粮无污染、价格低。在粮食收获的季节,温度高,沼气池产气也好,更有利于采用沼气储粮。目前,这一方法已经得到较为广泛的应用。表7-1是沼气储粮效果表。

第七章 沼气、沼液与沼渣的利用

表 7-1 沼气储粮效果

处理	水分	仓内温度	出糙率	虫数	发芽数	酸度
对照仓	14.8%	39.0℃	75.6%	182个/千克	85%	4.80
供试仓	12.8%	24.0℃	76.3%	0	89%	1.46
效果	降低13.5%	降低38.5%	增加0.93%	减少100%	提高4.71%	降低69.6%

5.利用沼气增温、调湿育秧

温室育秧可提早栽插水稻,促进水稻的早熟高产。利用沼气灶调节室内温度和湿度来培育水稻秧苗,操作方便、设备简单、易控制、不烂种、发芽快、出苗整齐、成秧率高。

(1)育秧棚的搭建 可根据实际情况,选用以下三种育秧棚中的任意一种。

①单层薄膜育秧棚的搭建。选地势高、背风向阳、距离沼气池较近的地方,并根据播种量来确定育秧棚的大小。用塑料薄膜及木架在地面上搭育秧棚,棚檐高1.8~2米;用木条或者竹子制作秧架,底层距离地面0.3米,其余各层秧架间距0.2米。秧床可用席子或竹笆做成。在秧棚内的一侧,在地上建一个简易的沼气灶膛,灶膛两侧的中上部位分别安装一根管子,伸出棚外,用于排除沼气燃烧时的废气。灶膛内放置沼气炉,炉上放置一口装水的铁锅。在秧棚另一侧的墙壁上,开一个有盖子的小窗,小窗用时打开,以便用喷雾器从窗口向秧床喷水,不用时则关闭。

②双层薄膜育秧棚的搭建。双层薄膜育秧棚是在单层薄膜育秧棚的外面加一层相距0.4米的塑料薄膜,以便其间的热空气供给秧棚保温。内层育秧棚的制作方法和育秧技术与单层棚基本相同,只是需要在秧棚正中一侧的地面上建立一个简易沼气灶,把沼气炉放入灶内,灶上安放一口锅,锅口与地面成水平,锅沿与灶沿相吻合,沼气灶口位于秧棚之外,以便使沼气燃烧时产生的废气不

进入秧棚内。采用双层薄膜育秧,不仅育秧初期升温快,而且对稳定夜间育秧棚温度也具有良好的效果,同时比单层薄膜育秧棚节省沼气 20%～30%。

③移动式小型育秧棚的搭建。移动式小型育秧棚适用于谷种用量少的农户,是搭建在两条长木凳上的沼气育秧棚。在两条长木凳上铺一层稍大于秧棚底面积的厚型包装箱纸板,在纸板中间剪一个圆孔,孔径的大小以恰能放入一个铝锅为宜。纸板上面平铺一层塑料薄膜,以避免纸板因浸水而变软。在孔中放入一个铝锅,锅底与沼气炉的支角相接触。在锅上加盖,盖与锅之间留有一个空隙,以利于水蒸气和热量均匀地扩散。在纸板留孔正对上方的塑料薄膜上开一个小窗,以方便向锅内添加开水和上下调换秧笆的位置。白天气温高时,把秧棚抬出屋外,晒太阳增温;傍晚则把秧棚抬进屋内,用沼气升温。

(2)浸种催芽 早稻播种量为每亩 400 千克左右最合适。用 6 厘米×30 厘米规格的秧盘,每个秧盘装 100 克左右的种子。单季稻和晚稻的每亩塑料薄膜与地面的边沿用泥土覆盖压实。点燃沼气灶之后,关好窗口。出苗期要高温、高湿,以保证出苗的整齐。所以,秧盘进棚后,第 1 天,棚内温度要迅速升到 35～38℃,持续 25～30 小时;第 2 天,温度降至 30℃以后,持续 6～8 小时,后使温度保持在 32～35℃,每隔一定时间向谷种上喷洒适量的温水(温度 20～30℃),并调换上下秧笆或者秧盘的位置,使它们受热均匀,经过 35～40 小时,秧针长度可以达到 2.7～3 厘米;第 3 天,温度保持在 30～32℃,湿度保持在秧苗叶尖挂有露水而根部不积水为最好;第 4 天,温度保持在 28～30℃;第 5 天以后,温度保持在 25～26℃,然后停止增温 6～8 小时。当秧苗长有二叶一心时,即可移出室外,栽入秧田寄秧。

(3)调换秧笆 为了保持芽齐苗壮,应经常观察出芽的情况和秧苗生长的情况,随时将距离沼气灶远近不同以及棚架上下的秧笆互相调换,将出芽差的秧笆尽量调换到距沼气灶较近的地方。

第七章 沼气、沼液与沼渣的利用

6. 利用沼气气调储藏水果

通常情况下,利用沼气气调储藏水果需注意以下几点:

(1) 沼气气调储藏场所 需选在避风、清洁、昼夜温差不大、温度相对稳定的地方。

(2) 选择储藏方法 从实际出发,选择适合用户的储藏方法。

(3) 装果 将挑选好的水果放入纸箱、塑料筐或聚乙烯袋中,入室储藏,观察窗内安放温度计和湿度计,以便于随时检查温度、湿度的变化情况。装满后用密封材料封闭门缝。

(4) 充入沼气 向储藏室内每天充入一定量的沼气,在前 10 天,1 米^3 的储藏室每天充入 0.06 米^3 沼气;10 天之后,每天充入 0.14 米^3 沼气。

(5) 翻果、消毒 储果后的 2 个月内,每隔 10 天进行一次翻果,并及时检查储藏状态,同时进行换气。翻果时,要挑出腐烂的水果。之后每隔半个月再翻果一次,换气半天。同时,定期用 2% 的石灰水对储藏室进行消毒。

(6) 温度、湿度控制 储藏室温度需保持在 3~10℃,湿度需稳定在 94% 左右。温度、湿度波动过大会使环境中的水分在水果表面结露,增加腐果率,不利于保鲜与储藏。当气温低于 0℃ 时,要注意保温,以防冻伤水果。

二、沼液的利用

1. 利用沼液养猪

家用沼气池在使用正常时,可取其出料间中层沼液喂猪。喂食前取出足量的沼液,放置或拌入饲料中一段时间后即可喂猪。

由于猪在不同生长阶段的体重、摄食量及采食习性等均有所不同,所以沼液添加量需要因时、因猪制宜,不可以简单划一,通常可以

沼气生产实用技术

分为三个阶段:

(1)仔猪阶段(体重在 25 千克以内) 仔猪断奶后应按常规进行防疫、驱虫、健胃及去势,同时在饲料中添加少量的沼液,以锻炼仔猪对沼液的适口性,时间需要 10 天左右,然后开始添加沼液喂养,3~4次/天,每次沼液喂量约为 0.3 千克。

(2)架子猪阶段(体重为 25~50 千克) 通常 3~4 次/天,每次沼液喂量约为 0.6 千克。

(3)育肥猪阶段(体重为 50~100 千克) 沼液喂量每次约为 1 千克,每日 3 次。当猪的体重在 100~120 千克时,可以按每次 1.5 千克沼液量,3 次/天进行喂养。

添加沼液喂猪通常应注意以下几个方面:

①病态池、不产气池或者投入有毒物质的沼气池中的沼液,禁止用来喂猪。

②新建已投料或大换料的沼气池必须在正常产气 1 个月之后才可取沼液喂猪。

③沼液的酸碱度以中性适宜,即 pH 在 6.5~7.5 之间。

④沼液由水压间取出后,通常以放置 0.5 小时左右为宜,让氨气挥发,但不宜放置时间过长,以防治液氧化。

⑤沼液仅是添加剂,不可以取代基础日粮。当猪出现腹泻症状时,需及时停喂。

2.利用沼液养鱼

养鱼通常用沼液作追肥,其目的主要是为了增加池内浮游微生物的饵料,促进浮游微生物的生长与繁殖。施用时,要依据鱼池水的透明度和颜色判断鱼池的溶解氧情况。水清、透明度在 50~60 厘米深度时,通常每天可以追肥 1~2 次,每次 200~400 千克/亩;透明度在 40~50 厘米深度,水色呈草绿色或豆绿色时,要少施,通常 3~4 天施 1 次,每次 100~150 千克/亩;透明度为 25~30 厘米深度,水色

第七章　沼气、沼液与沼渣的利用

呈黄褐或油绿色时,每周施 1 次,每次 100 千克/亩;水已变成红棕色或黑色时,不仅要停止追肥,而且还要及时注入或更换新水,之后再恢复追肥。使用沼液作追肥时,还需注意以下几个方面:

①用沼渣、沼液作鱼池肥料时,一定要在正常产气 3 个月后的沼气池中取沼渣、沼液。

②沼渣作基肥时,应在空气中放置一段时间(3 小时以上)再施用。

③施肥后要经常检查鱼池水质,有条件的还应测鱼池的生物含量,保持其在 0.15～0.3 克/升。

④施肥通常在 8～9 月份进行。

3. 利用沼液浸稻种

稻种要用塑料编织袋盛装,每袋 20～30 千克,扎紧袋口,放至正常产气使用的沼气池水压间内,连续浸泡 4 天取出,洗净沼液,防止烂芽,然后再照常催芽、播种、育秧。

沼液浸种育秧的优点主要有:

①发芽率高,芽壮且整齐。

②播种后,易扎根、现青快、生长旺盛。

③比药剂浸种安全,简便易行,省钱且效益高。

④秧苗抗寒力强,基本无瘦弱苗,成苗率高。

⑤苗壮根粗,白根、新根多,病虫害少,栽插后返青快。

沼液浸种之所以效益显著,有三个方面的原因:

①营养丰富。腐熟的沼气发酵液含有动、植物所需的多种水溶性氨基酸及微量元素,如多种氨基酸和消化酶等活性物质,用于处理种子,具有催芽和刺激生长的作用。同时,在浸种期间,铵离子、钾离子、磷酸根离子等都会由于渗透的作用不同程度地被种子吸收,而这些养分在秧苗生长的过程中,可以增强酶的活性,加速养分运转及代谢过程,从而提高作物的抗病能力。

②灭菌杀虫作用。由于沼液中缺氧及有大量铵离子产生,所以沼液不会带有活性病菌和虫卵,且可杀死或抑制种谷表面的病菌和虫卵。

③可以提高作物的抗逆能力。

4.利用沼液防治病虫害

取出沼液,先用纱布过滤,然后装入喷雾器中,对作物进行叶面、茎、秆的喷施,用量以叶、茎、秆全部润湿为度,对于根部可浇施沼液或者施用沼气发酵残留物。喷施沼液防治病虫害时,需要避开雨天,以免沼液随雨水流失,最好是喷施沼液后,两天内无大雨;如遇下雨天,下雨后需要补喷。如喷用沼液后,病虫仍在活动,1~2天后应再追喷。另外,利用沼液防治病虫害应与叶面施肥同时进行。

5.沼液叶面喷洒

(1)沼液叶面喷洒的主要作用 沼液喷洒叶面后,作物主要利用的是沼液中所含的厌氧微生物的代谢产物,特别是其中的营养物质、生理活性物质以及沼液中的水分。

叶面喷洒的主要作用是调节作物的生长代谢,为作物提供营养,抑制某些病虫害。

(2)沼液叶面喷洒的注意事项

①必须使用正常产气沼气池的沼液,不要使用病态池的沼液,沼液选择其澄清液。

②喷洒量要根据作物品种、生长的不同阶段以及环境确定。

③沼液喷洒在上午8~10点进行,不宜在中午高温时进行,以防灼伤叶片。在下雨前不要喷洒,因为雨水会把沼液冲走。

④喷洒用的沼液应进行过滤,以去除其中的固形物。喷洒工具用手动或者自动喷雾器。

⑤根据作物和喷洒的目的不同,可以采用稀释沼液、纯沼液、沼

液与某些药物的混合液进行喷洒。

(3)柑橘沼液叶面喷洒方法 根据柑橘生长的过程可喷洒4~5次。第1次要在柑橘普遍有明显的绿色花蕾时进行;第2次在榭花后进行;第3次在生理落果基本停止时进行(一般在榭花后20天左右);第4次在果体膨大的壮果期进行。南方有的地方在采收果实后每隔5~6天喷洒一次沼液,共喷洒4~5次,其主要目的是增强柑橘的抗冻害能力。

(4)沼液用于杀灭蚜虫的喷洒方法

①杀灭小麦蚜虫。主要是采用沼液与农药乐果的混合液,沼液与乐果的比例是2000:1,每亩用量为混合液50千克。除喷洒叶面外,在有蚜虫的茎部也要喷洒。喷洒要在晴天进行,若喷洒后6小时内下雨,则要再喷洒一次。喷洒沼液可使蚜虫杀灭率达到95%以上,此外还有增产作用。

②杀灭蔬菜蚜虫。喷洒所用混合液的配合比为:沼液14千克、洗衣粉0.005千克、煤油0.0025千克。每亩喷洒量为30千克,通常可以连续喷洒2天。

③柑橘蚜虫防治。柑橘发现蚜虫时,喷洒纯沼液可以起到防病杀虫的作用。通常,蚜虫在喷洒后30小时停止活动,40~50小时死亡94%。杀虫喷洒通常在晴天进行。

(5)某些作物的叶面喷洒方法

①棉花。主要在花龄期进行,每亩沼液用量50千克左右,第一次喷洒后隔10天左右再进行一次喷洒。

②茶叶。在茶树新芽萌发1~2个叶片时进行,夏秋干旱季节也可以进行。此外每采收一次鲜叶后喷洒一次,每亩沼液的用量为100千克。

③西瓜。喷洒西瓜的沼液需根据不同的生长期进行稀释。第一次喷洒在西瓜伸蔓期进行,沼液需稀释50倍,喷洒后主蔓长30~50厘米;第二次喷洒在西瓜的初果期,沼液稀释20倍,喷洒后西瓜主蔓

长 80～125 厘米,长势浓绿健壮;第三次喷洒在西瓜果实的膨大期,沼液稀释 10 倍,此后主蔓长 150～200 厘米,果实迅速膨大。此种沼液喷洒法结合沼渣作为基肥,在有枯萎病的土壤区能有效地防病,使西瓜每亩产量达到 3500 千克以上。

④葡萄。巨峰和玫瑰香葡萄均可以用沼液喷洒来增加产量。按估计,每株葡萄每次喷洒沼液量为 1 千克。喷洒季节分为展叶期、现蕾开花期、初果期及果实膨大期。沼液喷洒后可增产 10％左右。

6.沼液水培蔬菜

水培用的沼液从水压间取出后需要放置 3 天以上,以除去部分还原态物质。由于沼液成分变化较大,还需根据目前国内水培蔬菜采用的营养配方在沼液中补充各种元素,并使 pH 调节到 5.5～6.0(采用 98％磷酸进行调节)。沼液中添加其他营养元素,用来种植黄瓜、番茄,产量与用人工合成营养液种植的产量相当,采收期也大致相同。

7.沼液滴灌技术

(1)沼液滴灌技术适用范围　沼液滴灌技术只适用于山地果园,沼气池需建在最高处(高于果树种植区)。

(2)修建沼液沉淀过滤槽　首先要对沼液进行处理,以去除其中的固形物,防止滴孔堵塞。其方法是修建沼液沉淀过滤槽,此槽可围绕沼气池修建,以节省用地。有条件的地方也可把沼液沉淀过滤槽修建成长条形。过滤沉淀槽容积为主发酵池容积的 1/4。在槽内设置多处插式过滤屏。过滤屏由滤板和滤框组成,滤框的形状、大小是由槽的横断面决定的。滤板分为粗板和细板:粗板采用贝壳制成,厚度为 5～10 厘米;细板用聚乙烯泡沫板制成,厚度为 2～3 厘米。根据沼液流动方向,先安装粗板再安装细板。具体安装块数要根据沼液中的固形物数量以及大小决定。固形物被拦截,沼液颜色变浅即

第七章 沼气、沼液与沼渣的利用

表明过滤槽过滤功能合格。

(3)管道安装 主管用PVC高压管,埋于地下30~50厘米;分管采用有弹性、强度高的塑料管,埋置深度为30~60厘米。分管截面面积小于主管的截面面积。柑橘树的每一根系配置两个滴孔,滴孔的孔径通常为1.5~2.0毫米,滴孔总面积应小于分管截面面积。滴孔周围半径5~7厘米区域内充填粗沙和细石,以防滴孔堵塞。

在主流管上,每隔20~30米设置一个排淤口,口端配有同径阀门。分管末端或者每隔5~10米处也应设置排淤口,此口口径较小,可以用橡胶塞封紧。

(4)日常管理 经常清洗滤板,检查系统在果树根部外是否漏水。若发现漏水,要立即修好。最好采用同一系统,既可以滴灌沼液,又可以滴灌清水。此时只需要将水管接到沉淀过滤槽。

三、沼渣的利用

1.利用沼渣种植蘑菇

(1)装床播种 食用菌菌丝体生长阶段的温度由于菌种不同而不同,大部分在20~30℃;子实体的发育温度也由于菌种不同而不同。一般情况下,子实体发育比菌丝体生长时所需要的温度要低一些,通常在8~22℃。因此,各地可以依据当地的气温变化情况,调整播种时间。

播种时,先把培养料铺在菌床上,厚度为83~100毫米,然后用2%的双氧水或5%的高锰酸钾水溶液消毒菌种瓶口,再用消过毒的竹签或者钢丝将菌丝钩出,均匀地撒在菇床培养料上,最后再铺上一层50毫米厚的培养料。

(2)备料、堆料 选用来自正常产气的沼气池并经过3个月发酵后的沼渣,晒干捣碎成小粒状,选用新鲜干净的稻草、麦秆或大豆秆,切成3厘米长的短节,用水并将其浸透发胀。将浸透过的秸秆铺在地上,厚度为 2 厘米,在秸秆上撒上 3 厘米厚的沼渣干料,向堆料上均匀泼洒沼气水肥,直到堆料充分吸湿浸透为宜。照此程序铺 6~7 层。备料中各成分的比例为:晒干的沼渣 1000 千克、沼气水肥 1000 千克、秸秆 450 千克。注意堆料中央需插入温度计。

(3)翻料 堆料 7 天左右,当温度达到 65℃左右时,开始第 1 次翻料。堆料的温度应在 80℃以下,否则原料腐熟过度,会导致营养过多消耗。翻料后加入 25 千克碳酸氢铵、20 千克石膏粉、20 千克钙镁磷肥,有条件的还可以加入 40 千克油枯粉,混合均匀,继续堆沤 7 天。

测得温度达到 70 ℃时,开始第 2 次翻料。搅拌均匀后,将浓度为 40%的甲醛用水稀释 40 倍,进行堆料消毒。若堆料变干,可加入适当的沼液,湿度以手捏滴水为宜。再用 pH 试纸测堆料的酸碱度,pH 以 7~7.5 为宜,偏酸可以适当加 2%的澄清石灰水,堆沤 3~4 天,即可移入菇床。

(4)播种、覆盖土 将已准备好的培养料铺在菇床上,每层菇床铺 8~10 厘米厚,然后用高锰酸钾溶液消毒蘑菇菌种瓶口,用经酒精灯烧红冷却后的钢丝将菌种的菌丝勾出,均匀地撒在培养料上,每平方米用 2 瓶菌种,照此方法再铺上一层培养料,共铺 3 层。播种 10 天后,待菌丝体开始长出培养料表面,便要用土进行覆盖,使用的通常为较肥沃的土壤。将土壤捣碎晒干,均匀覆盖在培养料的表面,然后喷洒水,湿度保持在土能捏拢、不黏手、落地能散为好。

(5)管理 蘑菇生长有两个阶段,第一阶段是菌丝体生长阶段;第二阶段是子实体生长阶段。前一个阶段主要管理其生长环境的湿度、温度。菌丝体生长的适宜温度是 20~25℃、相对湿度 75%。没有加温设备的菇房,温度不会有很大的变化。湿度可通过开窗、向菇床上喷水等方法进行调节;对子实体生长阶段的管理除了要注意温度、湿度以外,还需注意通风换气。这一阶段,适合子实体分化的湿度为 85%~90%。所以,要经常向菇床喷水,每天 2 次。同时,还要开窗换气2次,每次20分钟。

(6)采收 从覆土到第一批蘑菇成熟约要25天。第一批蘑菇采收完毕后留下的坑重新用泥填平,以保证下一批蘑菇有良好的生长环境。有条件的地方,应用0.25千克葡萄糖加40千克水,喷洒菌床,或者用植物生长调节剂三十烷醇10毫升加水10千克,喷洒菌床,以促进菌丝体的生长,从而提高蘑菇的产量。

2. 利用沼渣栽培木耳

传统木耳栽培需要耗费大量木材,会破坏生态平衡。由于我国林业资源的紧缺,木耳的生产也受到了限制。采用沼渣和农林作物下脚料栽培木耳,原料来源广、周期短、生产成本低、生态效益好,栽培后的脚料破袋可用于沼气池发酵原料或者继续用于种植其他食用菌。

(1)栽培季节 木耳菌丝生长的最适温度为22～28℃,子实体形成的最适温度为20～28℃。春耳的最适生长期为4～6月份,装袋以及接菌种时期为1～3月份;秋耳的最适生长期为9～11月份,装袋以及接菌种要安排在7～8月份。

(2)拌料装袋 把稻草(玉米芯或蔗渣)或沼渣30%、杂木屑50%、蔗糖1%、麦麸15%、石灰2%、过磷酸钙2%充分拌匀后,加水55%～60%。然后装入长45～50厘米、直径17厘米的塑料袋内。装袋后要压实并且绑紧袋口,否则不利于接种且易感染杂菌。

(3)灭菌 通常采用常压灭菌。各地的常压灭菌灶不一样,不论采用何种灭菌灶,都要做到筒内所有袋料温度都达到100℃,然后再继续灭菌10～12小时。

(4)接种 将灭好菌的菌袋搬到事先经过清理消毒的房间内,成"井"字形堆放,通常堆高不超过12层。待菌袋冷却后,即可消毒接种。接种前必须三查:一查菌种是否纯白无污染,并要将菌种逐袋进行消毒;二查接种室是否达到要求;三查接种工人是否穿工作服或者干净衣服并戴口罩,接种时是否讲话。接种后管理的重点是注意保温、避光、通气。通常培养30~40天,待菌丝走透菌袋时,即可进入出耳管理期。

(5)出耳管理 选择通风向阳、水源充足的地方建棚,棚内搭架培养。把发菌后的菌袋放在搭好的架上,用刀片将薄膜割出2~4穴1厘米左右"V"型口,然后盖薄膜保湿催蕾。耳基形成前,要保持空气达到一定湿度,避免高温开穴催蕾。当耳基形成开放叶片时,为了使木耳充分生长,管理要以保湿为主,喷水2~3次/天,采用高低湿交替的方式进行。收完木耳后需要停水2~3天。

(6)采收与加工 当耳片充分展开、边缘开始卷曲、耳茎变小、腹面可见白色子粉时方可采收。采收后木耳再堆积5~8小时,感观上其毛白些、长些后再进行漂洗、晒干。

3.利用沼渣养鸡

实验表明,用沼气发酵原料(沼渣和沼液)做添加剂喂鸡,可使鸡蛋大、皮厚,通常会提高产蛋量5%左右。

喂养技术要求:

①用沼液和清水拌和,比例以3:7最佳;用沼渣和饲料拌和,比例以1:4最佳。

②不同的沼渣拌不同饲料。

③沼渣必须来自正常使用的沼气池,池内不能有有毒物质和农药。

4.利用沼渣养殖蚯蚓

蚯蚓的蛋白质含量高且具有多种营养价值。它既是鸡、鸭、鱼、猪的良好饲料,也是人类的有益食品。蚯蚓粪可以活化土壤,是高级园艺肥料。蚯蚓粪中的腐殖酸高达11%~68%,可以促进作物对磷的吸收,使棉花、油菜增产10%以上。用蚯蚓作为饲料添加剂,肉用

第七章 沼气、沼液与沼渣的利用

鸡可提早7~10天上市,产蛋鸡产蛋率可提高15%~30%。

蚯蚓是杂食性动物,喜欢生长在阴湿肥沃的环境里,下面具体介绍利用沼渣养殖蚯蚓的方法。

(1)**蚓床整理** 蚯蚓养殖有室内地面养殖和室外养殖床养殖两种。室内养殖要求房间通风透气、黑暗安静,地面以水泥地面为宜。室外养殖床要选择朝阳、地势较高的地面,床下泥土一定要压实。通常床体的有效尺寸为:长6~10米,宽1.5米,前墙高0.5米,后墙高1.3米。床四周挖排水沟以防水渗透到床内。后墙还需要留一个排气孔。床两头留有对称的风洞。在冬季,可以在床面上覆盖双层塑料薄膜,薄膜间的间隔为10~15厘米,薄膜上面再加盖草席。夏季需要搭简易凉棚,遮阳防雨。在饵料上盖湿草,其厚度为10~15厘米,以免水分大量蒸发。

(2)**沼渣作蚯蚓饵料** 把正常产气、大换料3个月以上的沼气池沼渣捞出,散开晾干,让其中的氨气逸出。饵料中沼渣的配合比不宜超过80%。其余饵料为树叶、菜叶、秸秆等有机物。饵料水分含量为65%左右,堆放厚度为20~25厘米。

(3)**放养密度** 通常情况下,平均养殖密度为15000条/米^2。如果养成蚯蚓,养殖密度为10000条/米^2;如果养幼蚯蚓,养殖密度为20000~25000条/米^2;如果幼蚯蚓与成蚓混养,养殖密度为12000~16000条/米^2。在养殖过程中,要不断提取成蚓。

(4)**蚓床管理** 床内放好饵料后,保持饵料水分含量在65%左右。通常,每月添料一次。冬季室外养殖时,在晴天上午8~9点进行换气:首先把草帘揭开,让阳光射入床内。如果床内温度超过22℃,可打开床两头风洞降温,下午3点时再用草席覆盖。大风和阴雨天不要进行这种换气。冬天要及时清除床面积雪。

(5)**蚯蚓与蚯蚓粪的分离** 在养殖蚯蚓过程中,应当定期清理蚯蚓粪,并将蚯蚓分离出来,这是促进蚯蚓正常生长的重要环节。利用蚯蚓嗅觉灵敏、喜湿畏光的特点,可采用四种分离方法。

①房诱法。将床内饵料堆缩至原有面积的一半,在新腾出来的地方添加新饵料。大约 40～60 小时后,蚯蚓就会进入新的饵料中,分离率可以达到 95%。蚓粪分出后需放置一段时间,待其中的卵茧孵化出来且将幼蚓取走后,才可作为肥料使用。

②干湿法。在床的一端保持饵料的湿度为 65%,另一端则不覆盖,让饵料的水分蒸发,这样就逼迫蚯蚓向湿度大的饵料堆移动,48 小时后可以分离出 90% 以上的蚯蚓。

③光照法。蚯蚓吃食的习惯是由上至下,因此蚯蚓粪的形成也是由上至下。蚯蚓还有避光性,所以可先将蚯蚓粪扒开,用 200 伏、500 瓦的碘钨灯,距离蚯蚓粪 0.3～0.4 米高度照射,并以 3 米/分钟的速度移动照射灯。连续扫描 3 次,蚯蚓下钻,这时即可取出上层蚓粪。此种方法分离率可达 90% 以上。

④网取法。将 4 毫米×4 毫米网孔的钢丝网放在蚓床饵料的表面,再将新鲜饵料放在网上面,厚度为 5 厘米。28～48 小时后,将网和网面上的饵料移开即可获得蚯蚓,此法分离率可达到 90% 以上。

(6)提取成蚓 在养殖的过程中,最好是成蚓和幼蚓分养,混养有可能造成成蚓自溶而影响产量。成蚓提取方便,提取方法是用孔口 2 毫米×2 毫米、宽 70 厘米、长 100 厘米的塑料网放在蚓床上,在网上投放新鲜的饵料(饵料中混有 5% 的五香液),饵料的厚度为 5 厘米。24 小时后,中、小蚯蚓移到网上,成蚓则留在网下。将中、小蚯蚓移走后,再将 4 毫米×4 毫米的钢丝网用同样的方法处理,就可使成蚓移到网上从而分离。

(7)防止伤害 严防蚯蚓的天敌侵害,这些天敌有鸟、蚁、老鼠、蛇等。养殖床要备有遮光设施,防止阳光直射。保持周围环境安静,避免农药等的污染。

参考文献

[1] 张全国. 沼气技术及其应用 [M]. 北京:化学工业出版社,2007.
[2] 林聪. 沼气技术理论与工程 [M]. 北京:化学工业出版社,2007.
[3] 袁书钦. 农村沼气实用技术 [M]. 郑州:河南科学出版社,2005.
[4] 刘英. 农村沼气实用新技术 [M]. 成都:农业部沼气科学研究所,2002.
[5] 董仁杰. 沼气工程与技术 [M]. 北京:中国农业大学出版社,2012.
[6] 朱建明. 沼气实用技术指南 [M]. 郑州:河南科学出版社,2008.
[7] 李长生. 农家沼气实用技术 [M]. 北京:金盾出版社,2001.
[8] 鲁植雄. 农村户用沼气安全使用与维护 [M]. 北京:中国农业出版社,2010.